总主编 伍 江　副总主编 雷星晖

韩庆邦　钱梦騄　著

粘弹表面波及界面波理论与实验的激光超声研究

Theoretical and Experimental Studies on Propagation of Viscoelastic Rayleigh Waves and Interface Waves with Laser Ultrasonics

内容提要

粘弹是物体的固有属性,介质的粘弹(衰减)特性与材料的空隙率、微观裂纹分布、颗粒尺度、软体组织结构及材料强度等有关.能沿介质间界面传播的波称界面波,界面波带有更多的界面信息,其传播特性与粘结界面的特性直接相关.本文将基于激光超声手段,对这两种波的传播特性进行理论及实验研究,为实际应用这两种波对粘接特性评价奠定一定的基础.

本书供大学及科研院所相关领域的科研人员、教师、研究生及高年级学生使用.

图书在版编目(CIP)数据

粘弹表面波及界面波理论与实验的激光超声研究/韩庆邦,钱梦騄著. —上海:同济大学出版社,2017.8
(同济博士论丛/伍江总主编)
ISBN 978-7-5608-6890-5

Ⅰ.①粘… Ⅱ.①韩…②钱… Ⅲ.①表面波—粘弹性理论—研究②界面波—粘弹性理论—研究 Ⅳ.①O353.2②O347.4③O345

中国版本图书馆 CIP 数据核字(2017)第 081987 号

粘弹表面波及界面波理论与实验的激光超声研究

韩庆邦 钱梦騄 著

出品人	华春荣	责任编辑	张智中	卢元姗	
责任校对	徐春莲	封面设计	陈益平		

出版发行　同济大学出版社　www.tongjipress.com.cn
　　　　　(地址:上海市四平路1239号　邮编:200092　电话:021-65985622)
经　　销　全国各地新华书店
排版制作　南京展望文化发展有限公司
印　　刷　浙江广育爱多印务有限公司
开　　本　787 mm×1092 mm　1/16
印　　张　8.5
字　　数　170 000
版　　次　2017年8月第1版　2017年8月第1次印刷
书　　号　ISBN 978-7-5608-6890-5

定　　价　44.00元

本书若有印装质量问题,请向本社发行部调换　　版权所有　侵权必究

"同济博士论丛"编写领导小组

组　　　长：杨贤金　钟志华

副 组 长：伍　江　江　波

成　　　员：方守恩　蔡达峰　马锦明　姜富明　吴志强
　　　　　　徐建平　吕培明　顾祥林　雷星晖

办公室成员：李　兰　华春荣　段存广　姚建中

"同济博士论丛"编辑委员会

总 主 编：伍 江

副总主编：雷星晖

编委会委员：（按姓氏笔画顺序排列）

丁晓强	万　钢	马卫民	马在田	马秋武	马建新
王　磊	王占山	王华忠	王国建	王洪伟	王雪峰
尤建新	甘礼华	左曙光	石来德	卢永毅	田　阳
白云霞	冯　俊	吕西林	朱合华	朱经浩	任　杰
任　浩	刘　春	刘玉擎	刘滨谊	闫　冰	关佶红
江景波	孙立军	孙继涛	严国泰	严海东	苏　强
李　杰	李　斌	李风亭	李光耀	李宏强	李国正
李国强	李前裕	李振宇	李爱平	李理光	李新贵
李德华	杨　敏	杨东援	杨守业	杨晓光	肖汝诚
吴广明	吴长福	吴庆生	吴志强	吴承照	何品晶
何敏娟	何清华	汪世龙	汪光焘	沈明荣	宋小冬
张　旭	张亚雷	张庆贺	陈　鸿	陈小鸿	陈义汉
陈飞翔	陈以一	陈世鸣	陈艾荣	陈伟忠	陈志华
邵嘉裕	苗夺谦	林建平	周　苏	周　琪	郑军华
郑时龄	赵　民	赵由才	荆志成	钟再敏	施　骞
施卫星	施建刚	施惠生	祝　建	姚　熹	姚连璧

袁万城　莫天伟　夏四清　顾　明　顾祥林　钱梦騄
徐　政　徐　鉴　徐立鸿　徐亚伟　凌建明　高乃云
郭忠印　唐子来　阎耀保　黄一如　黄宏伟　黄茂松
戚正武　彭正龙　葛耀君　董德存　蒋昌俊　韩传峰
童小华　曾国荪　楼梦麟　路秉杰　蔡永洁　蔡克峰
薛　雷　霍佳震

秘书组成员： 谢永生　赵泽毓　熊磊丽　胡晗欣　卢元姗　蒋卓文

总 序

在同济大学110周年华诞之际,喜闻"同济博士论丛"将正式出版发行,倍感欣慰。记得在100周年校庆时,我曾以《百年同济,大学对社会的承诺》为题作了演讲,如今看到付梓的"同济博士论丛",我想这就是大学对社会承诺的一种体现。这110部学术著作不仅包含了同济大学近10年100多位优秀博士研究生的学术科研成果,也展现了同济大学围绕国家战略开展学科建设、发展自我特色,向建设世界一流大学的目标迈出的坚实步伐。

坐落于东海之滨的同济大学,历经110年历史风云,承古续今、汇聚东西,秉持"与祖国同行、以科教济世"的理念,发扬自强不息、追求卓越的精神,在复兴中华的征程中同舟共济、砥砺前行,谱写了一幅幅辉煌壮美的篇章。创校至今,同济大学培养了数十万工作在祖国各条战线上的人才,包括人们常提到的贝时璋、李国豪、裘法祖、吴孟超等一批著名教授。正是这些专家学者培养了一代又一代的博士研究生,薪火相传,将同济大学的科学研究和学科建设一步步推向高峰。

大学有其社会责任,她的社会责任就是融入国家的创新体系之中,成为国家创新战略的实践者。党的十八大以来,以习近平同志为核心的党中央高度重视科技创新,对实施创新驱动发展战略作出一系列重大决策部署。党的十八届五中全会把创新发展作为五大发展理念之首,强调创新是引领发展的第一动力,要求充分发挥科技创新在全面创新中的引领作用。要把创新驱动发展作为国家的优先战略,以科技创新为核心带动全面创新,以体制机制改革激发创新活力,以高效率的创新体系支撑高水平的创新型国家建设。作为人才培养和科技创新的重要平台,大学是国家创新体系的重要组成部分。同济大学理当围绕国家战略目标的实现,作出更大的贡献。

大学的根本任务是培养人才,同济大学走出了一条特色鲜明的道路。无论是本科教育、研究生教育,还是这些年摸索总结出的导师制、人才培养特区,"卓越人才培养"的做法取得了很好的成绩。聚焦创新驱动转型发展战略,同济大学推进科研管理体系改革和重大科研基地平台建设。以贯穿人才培养全过程的一流创新创业教育助力创新驱动发展战略,实现创新创业教育的全覆盖,培养具有一流创新力、组织力和行动力的卓越人才。"同济博士论丛"的出版不仅是对同济大学人才培养成果的集中展示,更将进一步推动同济大学围绕国家战略开展学科建设、发展自我特色、明确大学定位、培养创新人才。

面对新形势、新任务、新挑战,我们必须增强忧患意识,扎根中国大地,朝着建设世界一流大学的目标,深化改革,勠力前行!

万 钢

2017 年 5 月

论丛前言

承古续今,汇聚东西,百年同济秉持"与祖国同行、以科教济世"的理念,注重人才培养、科学研究、社会服务、文化传承创新和国际合作交流,自强不息,追求卓越。特别是近20年来,同济大学坚持把论文写在祖国的大地上,各学科都培养了一大批博士优秀人才,发表了数以千计的学术研究论文。这些论文不但反映了同济大学培养人才能力和学术研究的水平,而且也促进了学科的发展和国家的建设。多年来,我一直希望能有机会将我们同济大学的优秀博士论文集中整理,分类出版,让更多的读者获得分享。值此同济大学110周年校庆之际,在学校的支持下,"同济博士论丛"得以顺利出版。

"同济博士论丛"的出版组织工作启动于2016年9月,计划在同济大学110周年校庆之际出版110部同济大学的优秀博士论文。我们在数千篇博士论文中,聚焦于2005—2016年十多年间的优秀博士学位论文430余篇,经各院系征询,导师和博士积极响应并同意,遴选出近170篇,涵盖了同济的大部分学科:土木工程、城乡规划学(含建筑、风景园林)、海洋科学、交通运输工程、车辆工程、环境科学与工程、数学、材料工程、测绘科学与工程、机械工程、计算机科学与技术、医学、工程管理、哲学等。作为"同济博士论丛"出版工程的开端,在校庆之际首批集中出版110余部,其余也将陆续出版。

博士学位论文是反映博士研究生培养质量的重要方面。同济大学一直将立德树人作为根本任务,把培养高素质人才摆在首位,认真探索全面提高博士研究生质量的有效途径和机制。因此,"同济博士论丛"的出版集中展示同济大学博士研究生培养与科研成果,体现对同济大学学术文化的传承。

"同济博士论丛"作为重要的科研文献资源,系统、全面、具体地反映了同济大学各学科专业前沿领域的科研成果和发展状况。它的出版是扩大传播同济科研成果和学术影响力的重要途径。博士论文的研究对象中不少是"国家自然科学基金"等科研基金资助的项目,具有明确的创新性和学术性,具有极高的学术价值,对我国的经济、文化、社会发展具有一定的理论和实践指导意义。

"同济博士论丛"的出版,将会调动同济广大科研人员的积极性,促进多学科学术交流、加速人才的发掘和人才的成长,有助于提高同济在国内外的竞争力,为实现同济大学扎根中国大地,建设世界一流大学的目标愿景做好基础性工作。

虽然同济已经发展成为一所特色鲜明、具有国际影响力的综合性、研究型大学,但与世界一流大学之间仍然存在着一定差距。"同济博士论丛"所反映的学术水平需要不断提高,同时在很短的时间内编辑出版110余部著作,必然存在一些不足之处,恳请广大学者,特别是有关专家提出批评,为提高同济人才培养质量和同济的学科建设提供宝贵意见。

最后感谢研究生院、出版社以及各院系的协作与支持。希望"同济博士论丛"能持续出版,并借助新媒体以电子书、知识库等多种方式呈现,以期成为展现同济学术成果、服务社会的一个可持续的出版品牌。为继续扎根中国大地,培育卓越英才,建设世界一流大学服务。

伍 江

2017 年 5 月

前　言

粘弹是物体的固有属性，介质的粘弹（衰减）特性与材料的空隙率、微观裂纹分布、颗粒尺度、软体组织结构及材料强度等有关。能沿介质间界面传播的波称界面波，界面波带有更多的界面信息，其传播特性与粘结界面的特性直接相关。本书将基于激光超声手段，对这两种波的传播特性进行理论及实验研究，为实际应用这两种波对粘接特性评价奠定一定的基础。

第 1 章介绍了粘弹波及界面波的研究背景，说明了在研究这两种波传播特性时激光超声的优势，指出了本书研究的主要内容。

第 2 章首先介绍了粘弹的基本理论，分析了粘弹波与弹性波的区别。对粘弹 Rayleigh 波的粒子运动进行了研究后，得出其椭圆轨迹的结论。基于粘弹的基本理论，数值模拟小粘滞环氧粘弹材料 Rayleigh 波的频散特性及衰减特性。在时域上反演出了粘弹 Rayleigh 波型随粘滞模量变化关系。理论分析表明，材料的粘弹特性将引起粘弹 Rayleigh 波粒子运动轨迹及波幅度的改变，导致 Rayleigh 波的衰减及频散。

第 3 章对平面粘接结构中的类 Rayleigh 波传播特性进行了研究。通过所建立的粘弹 Rayleigh 波频率方程，率先得到了两层及三层粘接结构的频散关系及衰减—频率关系。理论发现在小粘滞情况下,粘滞对波的频散关系影响不大,各种模式波的衰减特性与频散特性有很好的吻合。通过研究提出了由粘滞衰减判断类 Rayleigh 波传播状态的方法。在时域上反演了激光激发的类 Rayleigh 波型随材料粘滞模量的变化关系,结论与理论预言一致。

第 4 章是对界面波的研究。首先对固—固界面波的频率方程求根问题进行了探讨,得到了求解全部界面波根的最一般方法。分析了 Stoneley 波、Leaky Rayleigh 波以及 Leaky Interface 波波矢在粘接界面两侧的传播状况,以及标量势、矢量势的变化趋势,讨论了这些界面波的传播特性。在引入了界面弹簧模型后,发现界面波是频散的,频散特征直接与弹簧劲度系数相关。理论上对类 Stoneley 波、Leaky Rayleigh 波及 Leaky Interface 波的频散特性进行了分析。

第 5 章是关于界面波的实验研究,包括三个部分内容。第一部分是关于流-固界面波的测量,由激光激发,干涉仪检测界面波,检测基于的是光弹效应(Mirage 效应)原理。实验结果表明,这种方法几乎能检测出所有理论上预言存在的流—固界面波,实验结果与理论符合很好,这种方法在以往文献中未曾报道过。第二部分是对固—固界面 Stoneley 波及 Leaky Rayleigh 波的测量,检测原理仍是基于光弹效应。实验成功地检测到几种材料间的 Stoneley 波及 Leaky Rayleigh 波。第三部分是对有机玻璃/铝界面弱连接情况界面波的测量,通过所测到的 Leaky Rayleigh 波对弱连接的频散特性进行了初步验证。实验结果表明,激光超声是测量界面波最有效手段之一。

目 录

总序
论丛前言
前言

第 1 章　绪论 ·········· 1
  1.1　粘弹特性与粘弹波 ·········· 1
  1.2　界面波 ·········· 3
  1.3　激光超声与粘弹波、界面波的激发与检测 ·········· 4
  1.4　本书研究工作 ·········· 5

第 2 章　激光激发粘弹 Rayleigh 波传播特性分析 ·········· 7
  2.1　引言 ·········· 7
  2.2　粘弹性模型 ·········· 8
  2.3　响应函数及遗传积分 ·········· 11
  2.4　三维粘弹波 ·········· 13
  2.5　粘弹介质的一般矢量平面波 ·········· 14
  2.6　平面粘弹 Rayleigh 波质点运动分析 ·········· 16

2.7 激光点源激发粘弹 Rayleigh 波研究 ·················· 18
   2.7.1 粘弹 Rayleigh 波的频率方程及法向位移 ········· 18
   2.7.2 小粘滞粘弹 Rayleigh 波频散及衰减分析 ········· 21
   2.7.3 粘弹 Rayleigh 波瞬态波形分析 ················ 23
2.8 本章小结 ··· 25

第3章 层状半空间粘接结构中粘弹类表面波传播特性分析 ········ 26
3.1 引言 ·· 26
3.2 涂层-基底结构的粘弹 Like-Rayleigh 波 ················ 28
   3.2.1 涂层-基底结构的 Like-Rayleigh 波频率方程 ····· 28
   3.2.2 涂层为弹性体时 Like-Rayleigh 波频散曲线 ······ 30
   3.2.3 涂层为粘弹体时 Like-Rayleigh 波频散及衰减
       曲线 ·· 31
   3.2.4 涂层粘弹模量及厚度对 Like-Rayleigh 波频散及
       衰减影响 ···································· 34
   3.2.5 快涂层-慢基底粘接结构的 Like-Rayleigh 波 ······ 36
3.3 涂层-基底结构的粘弹 Love 波 ·························· 39
   3.3.1 涂层-基底结构的粘弹 Love 频散方程 ············ 39
   3.3.2 涂层-基底结构的粘弹 Love 频散及衰减分析 ······ 39
3.4 三层粘接半空间结构的粘弹 Like-Rayleigh 波 ············ 41
   3.4.1 三层粘接半空间结构的粘弹 Like-Rayleigh 波频
       率方程 ······································ 41
   3.4.2 三层粘接半空间结构的粘弹 Like-Rayleigh 波的
       频散及衰减 ·································· 45
   3.4.3 三层粘接半空间结构的粘弹能陷波及其衰减特性
       ·· 47

3.5 激光激发层状半空间粘接结构的粘弹 Like-Rayleigh 波 48
3.6 本章小结 51

第4章 平面粘接结构中界面波传播特性研究 52
4.1 引言 52
4.2 界面波传播特性研究 55
  4.2.1 界面波频率方程 55
  4.2.2 界面波频率方程的求根 57
  4.2.3 几种界面波传播特性分析 62
4.3 弱连接界面的界面波传播特性 67
  4.3.1 基于弹簧模型的弱连接界面波频率方程 67
  4.3.2 弱连接界面 Like-Stoneley 波频散特性分析 67
  4.3.3 弱连接界面 Leaky Interface 波及 Leaky Rayleigh 波频散分析 71
4.4 本章小结 74

第5章 界面波的激光超声实验研究 75
5.1 引言 75
5.2 光弹效应(Photo-elastic effect) 76
5.3 流-固界面波的激光超声检测 78
  5.3.1 流-固界面波的频率特征方程及其特性分析 78
  5.3.2 测量装置及过程 81
  5.3.3 测量结果及讨论 83
  5.3.4 实验结果与理论模拟比较 89
5.4 固-固界面波的激光超声检测 93

5.4.1　测量装置及过程 ………………………………………… 93
5.4.2　固-固界面 Stoneley 波测量 ……………………………… 95
5.4.3　固-固界面 Leaky Rayleigh 波测量 ……………………… 97
5.4.4　固-固弱连接界固化过程 …………………………………… 100
5.5　本章小结 ……………………………………………………… 101

第 6 章　总结及进一步的工作 …………………………………… 103

参考文献 …………………………………………………………… 106

后记 ………………………………………………………………… 118

第 1 章
绪　论

1.1　粘弹特性与粘弹波

随着现代新材料、新结构的应用,使得原来在经典材料力学或流体力学中不予考虑的材料的粘弹特性受到了越来越大的重视。粘弹理论受到重视的另一个原因是高聚合物材料和复合材料等新型材料的不断出现。据统计,目前世界上的聚合物材料在体积上已经远远超过了金属材料,现代工业最常见的粘接结构也都是由高聚物材料的胶粘剂来完成了。

粘弹是物体的固有属性[1]。古希腊哲学家赫拉克利特曾经提出"一切皆流,一切皆变"的观点,即任何物体和材料都具有流变的特性。在常温、小应变情况下,大多数固体材料(特别是金属)可以看成弹性材料,这样可以使理论趋于简化。但即使在这种情况下,诸如乐器簧片金属的振动也会在真空中很快衰减。真实的材料或多或少存在着"蠕变"、"松弛"、"迟滞"等现象,说明材料并非是完全的 Hooke 体。

当波在粘弹材料中传播时,"粘"性的主要特征是引起能量的耗散,原因主要来自两个方面,一是散射,另一个是吸收。散射主要发生在颗粒介质或有缺陷、杂质的介质中。对于连续均匀介质而言，吸收是能量耗散的主要原因。吸收主要是由于介质的粘性性质和热传导引起的，它与介质的微观结构和宏观过程有关。为了描述物体的真实运动，物体中某一点的现实应力或应变，不仅与当时的应力、应变有关，还与物体历史上所遭受的形变或应力有关，因此必须考察物体经历的形变或应力历史。波在粘弹介质中传播与在弹性介质中传播的另一个明显不同的特征是粘滞将引起波的频散，这是由于粘弹介质的本构关系所致，属于物理弥散。测量介质的粘弹特性（衰减）将有助于评估材料的空隙率、微观裂纹分布、颗粒尺度、材料强度及软体组织结构等。

粘弹理论模型在很多文献或书籍中都有叙述并还在不断地完善当中[1-3]。粘弹波的研究最初主要集中在地球物理方面，因为地球本身就是一个粘弹体[4]。如 C. W. Horton[5] 研究了地球表面的粒子运动，探讨了 $\delta(\delta = \frac{\omega\eta}{\mu}, \omega, \eta, \mu$ 分别为角频率、地球体的粘滞模量及切变模量) 与椭圆轨迹形状的关系；Anderson[6] 从波的角度分析了地球的粘滞特性；而 Carlo G. Lai[7] 等则对地球 Rayleigh 波的衰减和频散关系进行了分析及实测验证。随着材料工业的发展，对粘弹材料及相关结构中的各种粘弹波模式的研究在逐渐拓展。如对粘弹 Rayleigh 波[8]、粘弹 SH 波[9]、粘弹 Lamb 波[10] 等的研究。值得注意的是，由于粘接结构中的胶粘层一般都是高聚物固化而成，其粘弹特性直接与结构的粘接质量有关（比如内聚强度）[11]。这样，从粘接结构中传播的波中提取出胶层的粘滞信息就显得非常有意义。目前研究较多的仍然是粘接结构中的粘弹 Lamb 波[12-14]，但这些研究基本都是利用对应原理，并基于小粘滞衰减假设，即认为粘弹介质的纵波横波衰减因子每波长为恒量，这样得到的复纵波波速及横波波速就与频率无关，仅仅是附加了一个虚部项而已。

超声衰减是声学特性及无损检测的重要参量,对大多数粘弹材料而言,包括机体软组织,频率与衰减满足 $\alpha = \alpha_0 |\omega|^y$ [15],这里,α_0 及 y 是材料的系数且 $1 \leqslant y \leqslant 2$。传统的衰减测量一般采用压电换能器进行水耦合来测量材料的衰减。如 Dunn F.[16]用超声方法测量了蓖麻油的衰减,并确定出系数 y 约为 1.66;Ronald[17]利用超声斜入射对聚乙烯的衰减进行了测量,并对换能器产生的平面波进行补偿修正;Rokhlin,S. I.[18]等对固化中的环氧衰减进行了测量,分析并补偿了水耦合的影响;S. Vandenpls[19]则对未凝固的颗粒状材料的衰减进行了测量;还有许多学者对漏 Lamb 波的衰减进行了理论与实验的研究[20]。实际上,衰减是一个很难测量精确的物理量,需要重复性好的激发源,以及辨别或跟踪与传播距离有关的相干性很好的超声信号。

1.2 界 面 波

界面波是指能沿介质间界面传播的波,其能量主要集中在离界面几个波长之内的波。理论上而言,这种界面波应该带有较多的界面特性信息,比较适合粘接界面、粘接特性的检测。但这种波的激发和产生都比较困难。

Stoneley 波是一种典型的界面波,它沿垂直两种介质界面方向指数衰减,能量主要集中在界面几个波长范围内,是一种非均匀波。但 Stoneley 波只能存在于很少一部分材料组合的界面上,尽管"滑移"界面使界面波存在的范围扩大,但存在范围仍然有限,只有当一种介质变为液体时,这种波才始终存在,也常称为 Schotle 波[21,22]。

实际上,Stoneley 波只是界面波频率方程的 16 个 c^2(c 为界面波广义相速度)根中唯一的一个实根[23]所对应的波,它既不衰减也不频散。

此外,其他的复根对应的是各种可能的"漏波",这些波衰减得很快,但只要检测技术足够精确的话,利用这些波来评价界面状况仍然是有可能的。如果胶层不能提供所谓的完全"焊接"连接,则这种界面波还有可能出现频散现象。如 Richard[24]使用不同的研磨材料对粘接界面进行研磨,使界面出现不同尺寸的粘接缺陷,定量测量了界面波的衰减与研磨材料颗粒尺寸的关系,发现界面越粗糙,衰减越大。Laura[25]等对两个同种固体半空间界面存在裂纹时的界面波进行了研究,利用弹簧模型来表示界面连接状态,发现有不同于 Stoneley 波的界面波存在。这种界面波不同于 Stoneley 波是因为能存在于同种材料之间,而且是频散的。我们发现将弹簧模型应用到粘接界面上后理论上仍会出现类似的频散界面波,这有可能用以粘接界面特性的检测。当两种粘接材料的声学参数相差的较大时,如一种材料的声纵波波速小于另外一种材料横波波速时(常分别称为"软介质"及"硬介质"),漏波产生的可能性很大。特别是漏 Rayleigh 波,沿"硬介质"表面传播的 Rayleigh 波且不断向"软介质"泄漏能量,因而这种波是衰减的。但由于 Rayleigh 波能量大,传播距离仍很远,因而漏 Rayleigh 波仍是无损检测的一个很好的可利用的载体。

对于界面波的激发与检测,目前常用的方法是利用表面波转换方法[24]。即首先激发 Rayleigh 波,再将一部分转化为界面波,然后再将界面波转化为 Rayleigh 波用以检测。显然,对于压电超声换能器技术而言,界面波的激发与检测是相当困难的。

1.3 激光超声与粘弹波、界面波的激发与检测

激光超声方法是一种无损检测新技术[26]。激光超声的全光学手段

的激发与检测具有非接触、宽带、高灵敏度、理想的高重复率 $\delta(t)$ 源以及同时激发多种模式的波等优点,这样就使得激光超声在粘弹波及界面波的激发与测量方面显示出了比压电超声技术更大的优越性。

对衰减测量,采用非接触激发与测量能减少由于耦合而产生的误差;由脉冲激光源可以获得重复性很好的激励信号;激光激发出的高灵敏度的宽带信号可以保证信号在传播过程中保持很好的相干性,这对计算衰减尤为关键。Joseph[27]等就成功地利用了激光超声手段对水泥、石灰岩等材料的衰减进行了测量。徐晓东[28]等也用光差分技术实验上成功地拟合出了涂层中粘弹波的声衰减。

对界面波检测,由于透明材料的压光效应(或 Mirage 效应、光弹效应),使得在这种介质中传播的界面波就有可能不再转化为其他形式的波而被直接检测到。Desmet 等就利用了激光激发流-固界面波,用光偏转技术透过透明介质直接检测界面位移,在他们的实验中成功的同时检测到了 Leaky Rayleigh 波和 Scholte 波[29,30]。X. Jia[31,32]等则利用 Mirrage 效应对固-固界面波进行了检测,并检测到了 Stoneley 波、Leaky Rayleigh 波及 Leaky Interface 波。

1.4 本书研究工作

本书的研究是国家自然科学重点项目"粘接界面特性的超声评价方法研究"的一部分,其目的是对粘接结构中的粘弹波和界面波进行一些理论及实验研究,为实际利用这两种波对粘接状况的评价奠定一定的基础。本书将研究探讨以下问题:

理论分析粘弹波的传播特性,建立粘弹 Rayleigh 波的频率方程,数值分析粘弹模量对 Rayleigh 波传播特性的影响,数值反演激光激发粘弹 Rayleigh 波的时域波形。

理论研究两层、三层平面粘接结构中的粘弹类 Rayleigh 波的传播特性,研究粘弹模量对波的频散及衰减特性的影响。

探讨固-固界面波频率方程的求根问题,分析各种模式的界面波的传播特性,建立由弹簧模型边界条件下的固-固界面波频率方程,研究各种界面波的频散特性。

利用激光超声手段以及光弹效应实验检测流-固界面波。

利用激光超声手段及光弹效应原理实验检测固-固界面波,验证弱连接界面 Leaky Rayleigh 波的频散特性。

第2章
激光激发粘弹 Rayleigh 波传播特性分析

2.1 引　　言

表面波(Rayleigh 波)是自然界的一种常见的波动形式,早在1885年,Lord Rayleigh 就从理论上给出了平面半无限弹性固体表面波的解[1],并证明了其波速小于弹性介质的纵波及横波波速。这种波是由非均匀纵波和非均匀横波叠加而形成的,其存在的频谱范围从只有几赫兹(波长达几公里)的地震波到 10^{13} 赫兹(波长 nm 级的表面声子)的 Debye 频率,高达 10 多个数量级[2]。在 Rayleigh 发现了表面波的很长一段时间内,关于表面波的研究主要集中在低频的地震波和液体表面波上,到 20 世纪 60 年代叉指换能器的出现使表面波的研究拓展到超声范围,而激光超声的出现又使其进一步延伸到高频超声的范围,目前的激光超声中的脉冲源宽度已经达到皮秒级[3]。

Rayleigh 波沿表面垂直方向以指数形式衰减,其能量主要集中在离表面 1~2 个波长范围内,因而常用来定征表面特征及材料常数[4,5]。Rayleigh 波的另外一个显著特征是其几何衰减小,即便是点源产生的表面波幅度也只是和传播距离的平方根成反比,相对于体波幅度的几何衰减与传播距离成反比而言,在离声源 1～2 个波长后 Rayleigh 波就占有绝对的优势。由于上述的显著特点,对 Rayleigh 波的研究仍是一个热门课题,人们正对更复杂的表面形式的 Rayleigh 波进行广泛研究,如圆柱表面波[6,7]、各向异性材料的 Rayleigh 波[8,9]、非线性 Rayleigh 波[10,11]、漏 Rayleigh 波[12,13]等。而激光超声的非接触、宽带、接近理想的脉冲源的特性使得对 Rayleigh 波的研究进一步扩展[14,15]。

关于粘弹 Rayleigh 波的研究也源于地震波,因为地球本身就是一个粘弹体[16]。如 C. W. Horton[17]研究了地球表面的粒子运动,探讨了 $\delta(\delta = \frac{\omega \eta}{\mu}, \omega, \eta, \mu$ 分别为角频率、地球体的粘滞模量及切变模量)与椭圆轨迹形状的关系。Carlo G. Lai[18]等则对地球 Rayleigh 波的衰减和频散关系进行了分析及实测验证。关于粘弹 Rayleigh 波的理论基础很早就已经建立,如早在 1947 年,J. B. Scholte[19]对粘弹 Rayleigh 波的传播行为进行过研究,P. J. King[20]等 1969 年从粘弹张量对粘弹衰减予以了解释,而近期,Maurizio Rromeo[21]又进一步从数学角度给了粘弹 Rayleigh 一些命题。关于粘弹 Rayleigh 波的理论及实践还在不断地完善之中。

本章我们首先简单介绍粘弹基本原理及定律,在此基础讨论其质点运动情况及其与弹性 Rayleigh 波的区。然后通过基本弹性理论推导粘弹介质的 Rayleigh 波频率方程,分析波的频散及衰减关系。并基于激光热弹效应建立起表面位移表述式,反演粘弹 Rayleigh 波的瞬时波形。

2.2 粘弹性模型[22]

粘弹理论是在以弹性元件及粘性元件的组合模型基础上建立起来的。以一维情况为例,一般有:

第 2 章 激光激发粘弹 Rayleigh 波传播特性分析

(1) 理想弹性元件

理想弹性元件是指应力与应变成正比,即

$$\sigma = E\varepsilon \qquad (2-1)$$

式中,σ 为应力,E 为杨氏模量,ε 为应变。

(2) 粘性元件

应力与应变的变化率成正比,即

$$\sigma = F\dot{\varepsilon} \qquad (2-2)$$

式中,F 为粘滞模量(系数)。

(3) Maxwell 模型

这种模型由一个弹性元件和一个粘性元件串联而成。本构方程为

$$\sigma + p_1\dot{\sigma} = q_1\dot{\varepsilon} \qquad (2-3)$$

式中,$p_1 = \dfrac{F}{E}$,$q_1 = F$。

(4) Kelvin 模型

由一个弹性元件和一个粘性元件并联而成。本构方程为

$$\sigma = q_0\varepsilon + q_1\dot{\varepsilon} \qquad (2-4)$$

式中,$q_0 = E$,$q_1 = F$。

(5) 标准线性固体模型

由一个弹性元件和一个 Kelvin 模型串联而成,本构方程为

$$\sigma + p_1\dot{\sigma} = q_0\varepsilon + q_1\dot{\varepsilon} \qquad (2-5)$$

式中,$p_1 = \dfrac{F_2}{E_1 + E_2}$,$q_0 = \dfrac{E_1 E_2}{E_1 + E_2}$,$q_1 = \dfrac{E_1 F_2}{E_1 + E_2}$。

(6) 一般线性粘弹固体模型

实际上,Kelvin 或 Maxwell 类型的任何模型都可以归类为以下本

构方程:

$$P\sigma = Q\varepsilon \quad (2-6)$$

其中,$P = \sum_{k=0}^{m} p_k \frac{\mathrm{d}^k}{\mathrm{d}t^k}$,$Q = \sum_{k=0}^{m} q_k \frac{\mathrm{d}^k}{\mathrm{d}t^k}$。

通过以上模型的本构方程,再结合运动方程及边界条件,就可以对相应的粘弹波进行计算。

以上简单地对一维情况的线性粘弹模型做了一个简单介绍,对应三维情况,也有着类似的模型[22]。实际上,我们总可以由式(2-6)来逼近各种粘弹材料的实际特性,但取的项越多,未知数也就越多,其效果并不见得好。就固体而言,目前用得最多的模型仍是 Kelvin 模型及 Kelvin-Voigt 模型。Kelvin-Voigt 模型是在 Kelvin 模型上针对小粘滞粘弹材料简化过来的,是现在文献上最常用的一种模型[23]。这是由于这种模型忽略了更多的项,使计算及分析都得到了简化。即认为复纵波波速及横波波速可以简化为以下表述式:

$$c_L^* = \sqrt{\frac{\lambda + 2\mu - i(\lambda' + 2\mu')}{\rho}}$$

$$c_T^* = \sqrt{\frac{\mu - i\mu'}{\rho}} \quad (2-7)$$

式中,λ 和 μ 为材料的 Lame 常数,ρ 为密度,λ' 和 μ' 为材料粘弹常数,i 代表虚数。这样,复(纵波、横波)波速就与频率无关,而仅仅取决于材料的 Lame 常数及粘弹常数。对各向同性材料而言,有

$$c_{L,T}^* = \frac{c_{L,T}}{1 + i\kappa_{L,T}/2\pi} \quad (2-8)$$

其中,$c_{L,T}$ 表示由 $c_L = \sqrt{\frac{\lambda + 2\mu}{\rho}}$,$c_T = \sqrt{\frac{\mu}{\rho}}$ 决定的实纵波及横波波

速，$\kappa_{L,T}$ 为每波长纵波及横波衰减（Nepers per wavelength）。Kelvin-Voigt 模型认为，对粘弹材料而言，$\kappa_{L,T}$ 是常量。

粘弹的模型虽然很多，但各有其有缺点。比如 Kelvin 模型得出体波粘弹衰减系数与频率平方成正比，而 Kelvin-Voigt 模型得出的结论是成正比，但实际材料的衰减系数与频率次方关系却是在 $1 \leqslant y \leqslant 2$ 之间。Kelvin-Voigt 模型计算分析相对简单，但复波速与频率无关，有时不能反映粘滞引起的频散。Kelvin 模型能反映出粘弹波的频散，但计算分析相对要复杂些。

2.3 响应函数及遗传积分

描述弹性介质的参数同样可以来描述粘弹介质，如弹性模量、柔顺模量等，只不过这些量是复数。但由于粘弹介质的应力或形变与其历史有关，典型的表现为蠕变（应力恒定，应变逐步增加）、松弛（应变不变，应力逐渐减小）。因而还有必要引入相应的蠕变柔量（Creep Compliance）及松弛模量（Relaxation Modulus）来对粘弹介质进行描述。

1. 蠕变柔量

定义为单位应力作用下产生的应变，即

$$J(t) = \frac{\varepsilon(t)}{\sigma_0} \qquad (2-9a)$$

取 $\sigma = \sigma_0 H(t)$，$H(t)$ 为 Heaviside 阶跃函数。对该式及式（2-6）做 Laplace 变换，可求得蠕变柔量在变换域的表示为

$$J^*(s) = \frac{P(s)}{sQ(s)} \qquad (2-9b)$$

其中，$P(s) = \sum_{k=0}^{m} p_k s^k$，$Q(s) = \sum_{k=0}^{m} q_k s^k$。

2. 松弛模量

定义为单位应变下的应力,即

$$Y(t) = \frac{\sigma(t)}{\varepsilon_0} \quad (2-10a)$$

取 $\varepsilon = \varepsilon_0 H(t)$,对该式及式(2-6)做 Laplace 变换,可求得松弛模量在变换域的表示为

$$Y^*(s) = \frac{Q(s)}{sP(s)} \quad (2-10b)$$

3. 遗传积分

Boltzmann 叠加原理是线性粘弹的一个基本原理。Boltzmann 叠加原理指出:粘弹体的蠕变是整个加载历史的函数,且每一阶段施加的载荷对最终形变的贡献是独立的,因而,最终形变是各个阶段载荷所引起的形变的线性叠加。数学表示为

$$\varepsilon(t) = \sigma_0 J(t) + \int_0^t J(t-t') \mathrm{d}\sigma$$

或

$$\varepsilon(t) = J(t) * \mathrm{d}\sigma \quad (2-11a)$$

式中,* 表示卷积。

以松弛模量表示的结果为

$$\sigma(t) = \varepsilon_0 Y(t) + \int_0^t Y(t-t') \mathrm{d}\varepsilon$$

或

$$\sigma(t) = Y(t) * \mathrm{d}\varepsilon \quad (2-11b)$$

2.4 三维粘弹波

引入应力 $S_{ij} = \sigma_{ij} - \frac{1}{3}\sigma_{kk}\delta_{ij}$ 及应变 $e_{ij} = \varepsilon_{ij} - \frac{1}{3}\varepsilon_{kk}\delta_{ij}$，对于各向同性粘弹材料可以认为应变球张量（反映体积变化）只与应力球张量有关，应变对角偏量（切变形变）只与应力对角偏量有关。此时，粘弹体的本构方程可表示为

$$\begin{cases} P'S_{ij} = Q'e_{ij} \\ P''\sigma_{kk} = Q''e_{kk} \end{cases} \tag{2-12a}$$

式中，上标′及″分别对应切变及体变参量。

或松弛型
$$\begin{cases} S_{ij} = Y' * de_{ij} \\ \sigma = J'' * de \end{cases} \tag{2-12b}$$

或蠕变型
$$\begin{cases} e_{ij} = J' * dS_{ij} \\ e = J'' * d\sigma \end{cases} \tag{2-12c}$$

若令 $Y'(t) = 2\mu(t)$，$Y''(t) = 3K(t)$，$\lambda(t) = K(t) - \frac{2}{3}\mu(t)$，则粘弹体的本构方程还可表示为

$$\sigma_{ij} = \delta_{ij}\lambda(t) * d\varepsilon_{kk} + 2\mu(t) * d\varepsilon_{ij} \tag{2-12d}$$

对粘弹体的基本方程做 Laplace 变换，可得

$$\bar{\varepsilon}_{ij} = \frac{1}{2}(\bar{u}_{i,j} + \bar{u}_{j,i}) \tag{2-13a}$$

$$\bar{\sigma}_{ij,j} + \bar{F}_i = 0 \tag{2-13b}$$

$$\bar{\sigma}_{ij} = \delta_{ij} s\bar{\lambda}(s)\varepsilon_{kk} + 2s\bar{\mu}(s)\varepsilon_{ij} \qquad (2-13c)$$

这样，只要在变换域内用 $\mu^* = s\bar{\mu}(s)$ 来代替弹性体方程中的 μ，用 $\lambda^* = s\bar{\lambda}(s)$ 来代替弹性体方程中的 λ，则弹性体的与粘弹体的方程就有着相同的形式，即粘弹体问题的解可以从弹性体的解中对应过来，称之为对应原理。利用式(2-9)及式(2-10)，可得常用的粘弹对应参数如下：

$$\mu^* = s\bar{\mu}(s) = \frac{1}{2}s\bar{Y}'(s) = \frac{Q'(s)}{2P'(s)} = \frac{1}{2sJ'(s)}$$

$$K^* = s\bar{K}(s) = \frac{1}{3}s\bar{Y}''(s) = \frac{Q''(s)}{2P''(s)} = \frac{1}{3sJ''(s)}$$

$$\lambda^* = s\bar{\lambda}(s) = \frac{1}{3}s[\bar{Y}''(s) - \bar{Y}'(s)] = \frac{1}{3}\left[\frac{Q''(s)}{P''(s)} - \frac{Q'(s)}{P'(s)}\right]$$

$$(2-14)$$

2.5 粘弹介质的一般矢量平面波[24,25]

引入复位移势 ϕ, ψ，则有

$$\nabla^2 \phi + \bar{k}_L^2(\omega)\phi = 0, \quad \nabla^2 \psi + \bar{k}_T^2(\omega)\psi = 0 \qquad (2-15)$$

式中，$\bar{k}_L(\omega), \bar{k}_T(\omega)$ 表示纵波及横波复波矢。则关于 ϕ 及 ψ 的解的形式均可表示为

$$\phi, \psi = C\exp i(\omega t - \boldsymbol{K} \cdot \boldsymbol{r}) = C\exp(-\boldsymbol{A} \cdot \boldsymbol{r})\exp i(\omega t - \boldsymbol{P} \cdot \boldsymbol{r})$$

$$(2-16)$$

式中，波矢 $\boldsymbol{K}$ 为矢量，$\boldsymbol{K} = \boldsymbol{P} - i\boldsymbol{A}$，波的相速度 $c = \dfrac{\omega}{|\boldsymbol{P}|}$。以 γ 表示 $\boldsymbol{P}$

与 A 间的夹角，则

$$\bar{k}^2(\omega) = (k' - ik'')^2 = |\mathbf{K}|^2 = |\mathbf{P}|^2 - |\mathbf{A}|^2 - 2i|\mathbf{P}||\mathbf{A}|\cos\gamma \quad (2-17)$$

上标 $'$ 及 $''$ 表示复矢的实部和虚部（以下同）。$\mathbf{P}$ 正交于 $\mathbf{P} \cdot \mathbf{r}$ 所确定的等相位面，而 $\mathbf{A}$ 垂直于 $\mathbf{A} \cdot \mathbf{r}$ 所确定的等幅面，$\gamma = 0$ 为均匀波，$\gamma \neq 0$ 为非均匀波，见图 2-1(a)，(b)，(c)。由上式可得

$$\mathrm{Re}(\bar{k}^2) = k'^2 - k''^2 = |\mathbf{P}|^2 - |\mathbf{A}|^2 \quad (2-18)$$
$$\mathrm{Im}(\bar{k}^2) = -2k'k'' = -2|\mathbf{P}||\mathbf{A}|\cos\gamma$$

由于波的能量不能随传播距离增大而增大的物理事实，要求 $0 \leqslant \gamma \leqslant \dfrac{\pi}{2}$。对于弹性介质，要求 $\mathrm{Im}(\bar{k}^2) = 0$，这只能有两种情况，或 $\mathbf{A} = 0$（无衰减），或 $\gamma = \dfrac{\pi}{2}$，即弹性介质非均匀波衰减等幅面的法线方向与传播等相位面的法线方向互相垂直，见图 2-2。而对粘弹介质，$\mathbf{A} \neq 0$ 及 $0 < \gamma < \dfrac{\pi}{2}$。可以看出，粘弹介质中的非均匀波不能在弹性介质中传播，反之亦然，这是两种介质非均匀波的本质区别，也是两种介质存在许多差别的根源。

图 2-1(a) $\mathbf{P} \cdot \mathbf{r}$ 确定的等相位面与传播矢量 $\mathbf{P}$ 的方向垂直

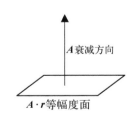

图 2-1(b) $\mathbf{A} \cdot \mathbf{r}$ 确定的等幅度面与衰减矢量 $\mathbf{A}$ 方向垂直

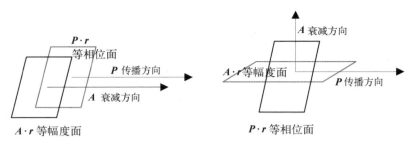

图 2-1(c)　均匀平面波等相位面与等幅度面相互平行

图 2-2　弹性介质中的非均匀波等相位面与等幅度面垂直

2.6　平面粘弹 Rayleigh 波质点运动分析

这里,我们利用上述粘弹基本原理来推导平面粘弹 Rayleigh 波的质点轨迹,并以此比较与弹性 Rayleigh 的不同。设波传播方向为 x,如图 2-3 所示。

图 2-3　半无限空间坐标系

粘弹 Rayleigh 波的位移矢解可表示为

$$\phi = A\exp i(\omega t - k_{Lx}x - k_{Lz}z)$$
$$\psi = B\exp i(\omega t - k_{Tx}x - k_{Tz}z)$$
(2-19)

式中,k_{Lx},k_{Lz} 及 k_{Tx},k_{Tz} 分别表示纵波及横波波矢在 x,z 方向上的分量,且要满足

$$k_{Lx} = k_{Tx} = k, \quad k^2 + k_{Lz}^2 = k_L^2, \quad k^2 + k_{Tz}^2 = k_T^2 \quad (2-20)$$

第 2 章 激光激发粘弹 Rayleigh 波传播特性分析

这里，$k_L^2 = \dfrac{\omega^2}{c_L^2}$，$k_T^2 = \dfrac{\omega^2}{c_T^2}$，$c_L = \sqrt{\dfrac{\lambda^* + 2\mu^*}{\rho}}$，$c_T = \sqrt{\dfrac{\mu^*}{\rho}}$。$\lambda^*$，$\mu^*$ 的表示见式(2-14)。如果将波矢的形式写成 $k = k' - ik''$，$k_{Lz} = k'_{Lz} - ik''_{Lz}$，$k_{Tz} = k'_{Tz} - ik''_{Tz}$，则由表面波沿深度方向及传播方向幅值减小的条件，有

$$k'' \geqslant 0,\ k''_{Lz} > 0,\ k''_{Tz} > 0。$$

由表面法向及切向应力为 0 的条件，有

$$2kk_{Lz}A - (k^2 - k_{Tz}^2)B = 0$$
$$(k^2 - k_{Tz}^2)A + 2kk_{Tz}B = 0$$

得粘弹瑞利方程：

$$(2k^2 - k_T^2) + 4k^2 k_{Lz} k_{Tz} = 0 \qquad (2-21)$$

质点运动的复位移为

$$u_x = \frac{\partial \phi}{\partial x} + \frac{\partial \psi}{\partial z} = [-ikA\exp(-ik_{Lz}z) - ik_{Lz}B\exp(-ik_{Tz}z)]$$
$$\exp i(\omega t - k'x)\exp(-k''x)$$
$$u_z = \frac{\partial \phi}{\partial z} - \frac{\partial \psi}{\partial x} = [-ik_{Lz}A\exp(-ik_{Lz}z) + ikB\exp(-ik_{Tz}z)]$$
$$\exp i(\omega t - k'x)\exp(-k''x) \qquad (2-22)$$

不失一般性，取 $-ikA = 1$，因 $B/A = -\dfrac{(2k^2 - k_T^2)}{2kk_{Tz}}$，得位移的实部为

$$u'_x = [M'_x(z)\cos(\omega t - k'x) - M''_x(z)\sin(\omega t - k'x)]\exp(-k''x)$$
$$u'_z = [M'_z(z)\cos(\omega t - k'x) - M''_z(z)\sin(\omega t - k'x)]\exp(-k''x)$$
$$(2-23)$$

式中，$M'_x(z)$，$M''_x(z)$，$M'_z(z)$，$M''_z(z)$ 分别为

$$M_x(z) = \exp(-ik_{Lz}z) - \left[\frac{2k^2 - k_T^2}{k^2}\right]\exp(-ik_{Tz}z)$$

$$M_z(z) = \frac{k_{Lz}}{k}\exp(-ik_{Lz}z) + \left[\frac{2k^2 - k_T^2}{2k_{Tz}^2}\right]\exp(-ik_{Tz}z)$$

的实部及虚部。

从式(2-23)中消去 t,就可得到质点的轨迹方程为

$$(u'_x)^2 \mid M_z \mid^2 + (u'_z)^2 \mid M_x \mid^2 - 2u'_x u'_z (M''_z M''_x + M'_z M'_x)$$
$$= (M'_x M''_z - M''_x M'_z)^2 \exp(-2k''x) \tag{2-24}$$

可以看出,粘弹 Rayleigh 波的质点运动轨迹仍然是椭圆形,周期为 $\frac{2\pi}{\omega}$,但椭圆的主轴既不平行也不垂直于自由表面,且质点的运动可以是逆时针也有可能是顺时针(由 $M'_x M''_z - M''_x M'_z$ 及 $M''_z M''_x + M'_z M'_x$ 决定)。

只要令 $k'' = 0$,$k_{Lz} = -ik''_{Lz}$,$k_{Tz} = -ik''_{Tz}$,以上各式就可过渡到弹性 Rayleigh 波的情况。

2.7 激光点源激发粘弹 Rayleigh 波研究

2.7.1 粘弹 Rayleigh 波的频率方程及法向位移

设激光点源垂直照射在半无限粘弹材料的表面上,则波的运动方程为

$$[\lambda(t) + \mu(t)] * du_{j,ji} + \mu(t) * du_{i,jj} = \rho \ddot{u}_i \tag{2-25}$$

考虑轴对称问题,引入位移 u_i 的势函数 ϕ,$H_i\left(0, -\frac{\partial \psi}{\partial r}, 0\right)$

$$u_i = \phi_{,i} + e_{ijk}H_{k,j} \quad \text{及} \quad H_{i,i} = 0 \tag{2-26}$$

得关于粘弹体的波动方程为

$$\begin{cases} \rho \dfrac{\partial^2 \phi}{\partial t^2} - [\lambda(t) + 2\mu(t)] * d\, \nabla^2 \phi = 0 \\ \rho \dfrac{\partial^2 \psi}{\partial t^2} - \mu(t) * d\, \nabla^2 \psi = 0 \end{cases} \quad (2-27)$$

对式(2-27)作 Laplace 变换,得

$$\begin{cases} [\lambda^*(s) + 2\mu^*(s)] \nabla^2 \bar{\phi} = \rho s^2 \bar{\phi} \\ \mu^*(s) \nabla^2 \bar{\psi} = \rho s^2 \bar{\psi} \end{cases} \quad (2-28)$$

再对式(2-28)作零阶 Hankel 变换,可求得其频域变换解为

$$\begin{cases} \bar{\phi}^{H_0} = A(p,s)e^{-\alpha z} + B(p,s)e^{\alpha z} \\ \bar{\psi}^{H_0} = C(p,s)e^{-\beta z} + D(p,s)e^{\beta z} \end{cases} \quad (2-29)$$

式中,H_0 表示零阶 Hankel 变换;p,s 是空间频率及时间频率;

$$\alpha = \sqrt{p^2 + \frac{s^2}{c_L^{*2}}},\ \beta = \sqrt{p^2 + \frac{s^2}{c_T^{*2}}},\ c_L^* = \sqrt{\frac{\lambda^*(s) + 2\mu^*(s)}{\rho}},$$

$c_T^* = \sqrt{\dfrac{\mu^*(s)}{\rho}}$,$\rho$ 为密度,A, B, C, D 为变换域任意常数。

法向位移 u_z 及应力 τ_{zz} 的 Laplace 变换和零阶 Hankel 变换式及切向位移 u_r 及应力 τ_{rz} 的 Laplace 变换和一阶 Hankel 变换式分别为

$$\begin{aligned}
\bar{u}_r^{H_1} &= -p\left(\bar{\phi}^{H_0} + \frac{\partial \bar{\psi}^{H_0}}{\partial z}\right) \\
\bar{u}_z^{H_0} &= \frac{\partial \bar{\phi}^{H_0}}{\partial z} + p^2 \bar{\psi}^{H_0} \\
\bar{\tau}_{rz}^{H_1} &= -p\mu^*\left[2\frac{\partial \bar{\phi}^{H_0}}{\partial z} + \frac{\partial^2 \bar{\psi}^{H_0}}{\partial z^2} + p^2 \bar{\psi}^{H_0}\right] \\
\bar{\tau}_{zz}^{H_0} &= \mu^*\left[(p^2 + \beta^2)\bar{\phi}^{H_0} + 2p^2 \frac{\partial \bar{\psi}^{H_0}}{\partial z}\right]
\end{aligned} \quad (2-30)$$

这里，上标 H_0，H_1 表示零阶及一阶 Hankel 变换。

激光产生的热弹应力可以等效为在自由表面的法向及切向应力为[26]

$$\tau_{rz}^{H_1} = -2\frac{p}{s}C_0 Q_0 Q(s) Q(p)$$

$$\tau_{zz}^{H_0} = -\frac{(\beta^2 + p^2)}{s\xi}C_0 Q_0 Q(s) Q(p) \qquad (2-31)$$

这里，$\xi = \sqrt{\alpha^2 + \dfrac{s}{\gamma}}$，$\gamma$ 为材料的热扩散系数，C_0 是与材料热弹特性有关的常数。而 Q_0，$Q(s)$ 及 $Q(p)$ 分别是源幅度、源时间和空间分布的 Laplace 变换和零阶 Hankel 变换。

由式(2-30)，式(2-31)及式(2-29)，并考虑到对于半无限煤质 B，D 两项系数为零，可得粘弹体的频率方程为

$$4p^2\alpha\beta - (\beta^2 + p^2) = 0 \qquad (2-32)$$

及变换域表面法向位移：

$$\bar{u}_z^{H_0} = -\alpha\frac{\Delta_1}{\Delta} + p^2\frac{\Delta_2}{\Delta} \qquad (2-33)$$

式中，

$$\Delta = 4p^2\alpha\beta - (\beta^2 + p^2),$$

$$\Delta_1 = \begin{bmatrix} -\dfrac{\tau_{rz}^{H_1}}{p\mu^*} & \beta^2 + p^2 \\ \dfrac{\tau_{zz}^{H_0}}{\mu^*} & -2p^2\beta \end{bmatrix}, \Delta_2 = \begin{bmatrix} -2\alpha & -\dfrac{\tau_{rz}^{H_1}}{p\mu^*} \\ \beta^2 + p^2 & \dfrac{\tau_{zz}^{H_0}}{\mu^*} \end{bmatrix}$$

这样，由式(2-32)可以计算粘弹 Rayleigh 波的频散及衰减关系，对式(2-33)反变换，可求得瞬态位移波形。

2.7.2 小粘滞粘弹 Rayleigh 波频散及衰减分析

以环氧为例,取固化好的环氧弹性参数为 $c_L = 2.73(\text{km/s})$, $c_T = 1.30(\text{km/s})$, $\rho = 1.4(\text{g/cm}^3)$, $\gamma = 0.001\,\text{cm}^2/\text{s}$。认为体积形变为近似弹性的,其流变性质主要表现在切变形变方面。这里将切变方面看成 Kelvin 体,则

$$\begin{cases} S_{ij} = 2\mu_k e_{ij} + 2\eta_k \dot{e}_{ij} \\ \sigma = 3Ke \end{cases} \quad (2-34)$$

式中,μ_k,η_k,K 为粘弹体的切变模量、粘滞模量(系数)及体弹性模量。则由式(2-14)得

$$\begin{cases} \lambda^*(s) = \mu_k \left(\dfrac{K}{\mu_k} - \dfrac{2}{3} - \dfrac{2}{3} K_\eta s \right) \\ \mu^*(s) = \mu_k (1 + K_\eta s) \end{cases} \quad (2-35)$$

其中,$K_\eta = \dfrac{\eta_k}{\mu_k}$,其意义为粘弹体的松弛时间,当 $K_\eta = 0$ 时,为弹性体。考虑到固化后的环氧很接近于弹性体[27],基于其粘滞很小的物理事实,我们这里取 $K_\eta = 10^{-10}$ 及 10^{-9}(SI 制,单位为 s)两种情况进行模拟计算。

图 2-4—图 2-7 为两种情况下的相速度-频率(频散图)关系及衰减-频率(衰减图)关系。可以发现:

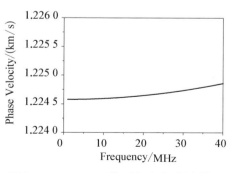

图 2-4 $K_\eta = 10^{-10}$ 时相速度-频率关系

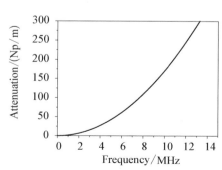

图 2-5 $K_\eta = 10^{-10}$ 时衰减-频率关系

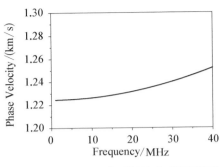
图 2-6　$K_\eta = 10^{-9}$ 时相速度-频率关系

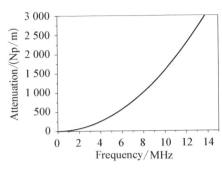
图 2-7　$K_\eta = 10^{-9}$ 时衰减-频率关系

(1) 粘弹 Rayleigh 波是频散的，频散的程度与粘滞的量级有关。在小粘滞的情况下粘弹对相速度的影响不大，特别在低频时，相速度基本不变化。

(2) 粘弹 Rayleigh 波的衰减与频率及材料粘滞有关，频率越高，材料粘滞越大，波的衰减就越大。相对于衰减-频率关系而言，相速度-频率变化要小得多，一般说来，速度相对于频率的变化不到衰减相对于频率变化的 10%[28]，因此可以利用粘弹 Rayleigh 波来确定小粘滞粘弹材料的弹性常数(由频散关系)及粘滞常数(由衰减关系)。

(3) 对衰减-频率关系拟合的结果表明粘弹 Rayleigh 波的衰减与频率的平方成正比，这与理论上体波衰减与频率成 2 次方关系类似[29]。

(4) 在小粘滞情况下，波衰减和粘滞模量近似成正比。

如果考虑体变也是 Kelvin 体时，则本构方程变为

$$\begin{cases} S_{ij} = 2\mu_k e_{ij} + 2\eta_k \dot{e}_{ij} \\ \sigma = 3Ke + 3\eta\dot{e} \end{cases} \quad (2-36)$$

$$\begin{cases} \lambda^*(s) = K\left(1 + K_B s - \dfrac{2\mu_k}{3K} - \dfrac{2\eta_k}{3K}s\right) \\ \mu^*(s) = \mu_k(1 + K_\eta s) \end{cases} \quad (2-37)$$

其中，$K_B = \dfrac{\eta}{K}$，η 为体变粘滞系数。

取 K_B 与上面的 K_η 同一量级，即 $K_B = 10^{-9}$，先不计切变粘滞的影响（$\eta_k = 0$）计算得到的其频散及衰减如图 2-8 和图 2-9 所示。从中发现，同样的量级体变粘滞引起的频散及衰减比切变粘滞要小很多，由于粘弹材料的体粘滞比切变粘滞本来就小很多[22]，因此，将体变看成弹性的是合理的。

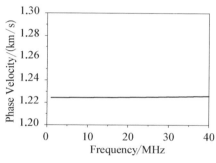 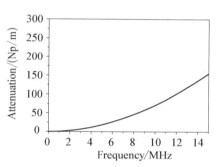

图 2-8　$K_B = 10^{-9}$ 时相速度-频率关系　　图 2-9　$K_B = 10^{-9}$ 时衰减-频率关系

2.7.3　粘弹 Rayleigh 波瞬态波形分析

取激光源函数为

$$Q(r, t) = Q_0 \left[\frac{2}{R^2} \exp\left(-2\frac{r^2}{R^2}\right) \right] \left[\frac{t}{t_0^3} \exp\left(-\frac{t}{t_0}\right) \right] \delta(z) \tag{2-38}$$

则其变换域形式为

$$\overline{Q}^{H_0} = Q_0 \exp\left(-\frac{R^2 p^2}{8}\right) \cdot \frac{1}{(1 + t_0 s)} \tag{2-39}$$

其中，取激光源脉冲的上升时间 $t_0 = 10$ ns，高斯光束为 $\dfrac{1}{e^2}$ 时的半径

$R = 0.1$ mm，利用文献[30]提供的以快速 Fourier 变换逼近的反 Hankel 及 Laplace 变换方法，根据式(2-33)，反演在 $r = 5$ mm 及 $r = 7$ mm 两点上在几种情况下的瞬时波形结果如图 2-10 和图 2-11 所

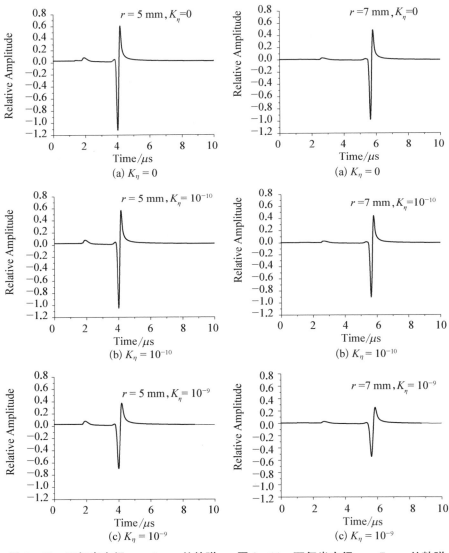

图 2-10　环氧半空间 $r = 5$ mm 处粘弹 Rayleigh 波瞬时波形

图 2-11　环氧半空间 $r = 7$ mm 处粘弹 Rayleigh 波瞬时波形

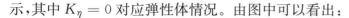

示,其中 $K_\eta = 0$ 对应弹性体情况。由图中可以看出:

(1) 可以清晰分辨出头波及 Rayleigh 波波形;

(2) 不同传播距离的粘弹 Rayleigh 波的幅度不同,粘弹 Rayleigh 波随距离增加几何衰减。

(3) 相同传播距离的粘弹 Rayleigh 波的幅度,随粘滞增加而减小(衰减增大);

(4) 模拟结果与基本物理事实吻合。

2.8 本章小结

本章主要研究了粘弹 Rayleigh 波的基本传播特性。基于粘弹的基本理论建立了粘弹 Rayleigh 波的频率方程,探讨了粘弹 Rayleigh 波的粒子运动轨迹,分析了粘弹模量对波的频散特性及衰减特性的影响,数值模拟了时域粘弹 Rayleigh 波的瞬态波形。结论如下:

(1) 粘弹 Rayleigh 波与弹性介质 Rayleigh 波的传播特性有所不同。粘弹 Rayleigh 波不仅在垂直界面的方向上指数衰减,在传播方向上也衰减,且是频散的。粘弹 Rayleigh 波的质点运动轨迹是椭圆形的,其主轴既不平行也不垂直于自由表面,且质点的运动可以是逆时针方向,也有可能是顺时针方向。

(2) 粘弹 Rayleigh 波的频散程度与粘滞的量级有关。在小粘滞的情况下,粘弹对相速度的影响不大,特别在低频时相速度基本不变化。波的衰减和粘滞模量近似成正比。同样量级的体变粘滞引起的频散及衰减比切变粘滞要小很多。

(3) 数值模拟的粘弹 Rayleigh 波瞬态波形与理论有很好的吻合。

第3章 层状半空间粘接结构中粘弹类表面波传播特性分析

3.1 引 言

层状半空间是粘接结构中较常见的一种,其特点是粘接涂层、膜或夹层很薄,而基底较厚,这样在涂层、薄膜及夹层中会形成导波。这种导波和 Lamb 波有所不同,其频散关系同时受涂层、薄膜、夹层及基底的控制,不再有明显的对称及反对称模式。层状半空间粘接结构的表面波也与弹性半空间的表面波有所不同,通常称之为类表面波(Like-Rayleigh waves),前两个模式分别称 Saw(Surface acoustic waves)模式及 Sezawa 模式[1]。涂层中的 SH 波(Love waves)也存在多种模态。根据涂层、薄膜、夹层及基底的材料声速特性,这种粘接结构还可分为慢层-快基底(涂层横波波速小于基底横波波速)、快层-慢基底(涂层横波波速大于基底横波波速)、低速夹层(夹层横波波速小于基底及薄膜的横波波速)、高速夹层等结构。

在 Mason 主编的物理声学(Physical Acoustics)中曾对简单的涂层-基底中的导波进行过系统分析[2],但对更复杂的情况目前仍在进行研究。如 Bogy[3] 及 Zinin[4] 就先后对快涂层-慢基底半空间结构中导波的"漏波"及"中断"频率问题进行过研究。Schwab[5]对多层结构的表面波进行了探讨。Zhang Bingxing[6]分析了导波的激发机制。喻明等[7]讨论了不同附加层的Rayleigh波的频散方程。由于层状半空间中的弹性导波具有幅度大、衰减慢、抗干扰强以及能量主要集中在界面附近等优点,也常用来检测粘接结构及界面特性[8-11]。

利用激光超声来定征层状半空间Like-Rayleigh波的传播特性是当前的另一个研究热点。Murray[12]推导出了激光激发涂层-基底结构的热源等效力源,得到了与实验波形吻合很好的理论波形,Cheng[13]利用这种等效力源模拟了层状半空间多层结构的时域波形。Wu[14,15]利用激光超声探讨了三层粘接半空间结构夹层厚度对频散的影响,并反演了厚度。Knight等[16-19]对薄膜结构进行了实验研究。徐晓东[20]等还利用了光差分法定征了薄膜材料的一些物理特性。

上述研究一般都将粘接层视为弹性体,这是由于一方面随着粘接工艺不断提高,固化后的胶粘剂越来越接近于弹性固体,另一方面,将粘接层视为弹性固体,有利于简化计算及理论分析。但实际应用中,在许多情况下,不能简单地将其视为弹性体,如用于防震的胶粘层、未固化好的粘接层、高温下的粘接层等,这时,胶粘层的粘滞(粘弹)带来的衰减效应就变得不可忽视,这种声衰减也间接地反映了粘接的质量[21]。

声衰减对声传播模式的影响的研究主要表现在两个方面,一是能量从一种材料向另一种材料泄漏,常称为"漏波",这方面研究比较多的是固体向液体中的漏波[22-25],且讨论得较多的是Lamb(兰姆)波形式。另一类是研究粘弹体本身的粘滞性带来的衰减影响,这方面的研究以往主要出现在地震波方面,但最近有不少学者将这方面研究引伸到板波或粘接结构。如C. H. Yew等[26]将粘接层当成粘弹体用SH波对三层平面粘接结构的粘接质量进行了评价。C. W. Chan等[27]研究了粘弹板中的Lamb波,并通过直接改变相速度的衰减项讨论了几种模式下粘滞对 Lamb 波的影响。A. Bernard 等[28]研究了粘弹板中衰减对能量传播速度的影响。上述研究基本都是从对应原理直接在波矢或速度上附加一个虚部（衰减项），利用 Kelvin-Voigt 模型讨论衰减对波的影响。

本章将直接从粘弹理论出发，基于 Kelvin 模型，通过 Laplace-Hankel 变换建立起两层及三层粘接结构的 Like-Rayleigh 波及 Love 波频率方程，讨论粘弹模量对频散及衰减的影响，得到了一些相应的结论，为粘弹模量的定量评估及粘接质量的评价进行一些理论探索。

3.2　涂层-基底结构的粘弹 Like-Rayleigh 波

3.2.1　涂层-基底结构的 Like-Rayleigh 波频率方程

涂层-基底粘接结构的示意图如图 3-1 所示，图中 H 表示涂层的厚度。

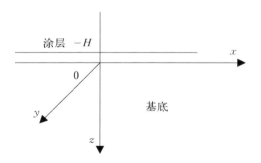

图 3-1　涂层-基底粘接结构示意图

以下标 1、2 分别表示涂层及基底材料，则变换域中涂层及基底的位移势的解可表示为

$$\begin{cases} \bar{\phi}_1^{H_0} = A_1(p,s)e^{-\alpha_1 z} + B_1(p,s)e^{\alpha_1 z} \\ \bar{\psi}_1^{H_0} = C_1(p,s)e^{-\beta_1 z} + D_1(p,s)e^{\beta_1 z} \end{cases}$$

第3章 层状半空间粘接结构中粘弹类表面波传播特性分析

$$\begin{cases} \bar{\phi}_2^{H_0} = A_2(p,s)e^{-\alpha_2 z} \\ \bar{\psi}_2^{H_0} = C_2(p,s)e^{-\beta_2 z} \end{cases} \quad (3-1)$$

由于考虑的基底在 $z \geqslant 0$ 的半无限空间,对基底而言正指数项不存在,式中各量的含义见式(2-29)。

这样,由 $z=0$ 边界处位移连续、应力连续及 $z=-H$ 自由表面应力为零的边界条件可以得其频率方程为

$$\det |AA| = 0 \quad (3-2)$$

其中,

$$[AA] = \begin{bmatrix} 1 & 1 & -\beta_1 & \beta_1 & -1 & \beta_2 \\ -\alpha_1 & \alpha_1 & p^2 & p^2 & \alpha_2 & -p^2 \\ -2\alpha_1 & 2\alpha_1 & F_1 & F_1 & 2\alpha_2 K_u & -F_2 K_u \\ F_1 & F_1 & -2p^2\beta_1 & 2p^2\beta_1 & -F_2 K_u & 2p^2\beta_2 K_u \\ 2\alpha_1 & -2\alpha_1 e^{-2\alpha_1 H} & F_1 e^{(\beta_1-\alpha_1)H} & F_1 e^{-(\beta_1+\alpha_1)H} & 0 & 0 \\ F_1 & F_1 e^{-2\alpha_1 H} & -2p^2\beta_1 e^{(\beta_1-\alpha_1)H} & 2p^2\beta_1 e^{-(\beta_1+\alpha_1)H} & 0 & 0 \end{bmatrix}$$

式中,$F_1 = p^2 + \beta_1^2$,$F_2 = p^2 + \beta_2^2$,$K_u = \dfrac{\mu_2^*}{\mu_1^*}$。

式(3-2)是一个超越方程,具体的求解过程是比较复杂的。主要存在两个困难,一是频率方程是复的函数,二是多根问题,即存在多种模式的波。这里采用的是基于 Gauss-Newton 混合搜索的最小二乘迭代法,迭代出特定频率下的函数最小值,然后再对函数最小值对应的采样点进行判断,看其是否真正为方程的复根。判断原理如图 3-2 所示。如果前、后两个采样点(变量)对应的复函数实部虚部均变号,则可以判定两个点之间有复根。实际上,当迭代的结果要求精度较高时(我们这里要求达到 $10^{-6} \sim 10^{-9}$ 精度)一般很难保证复函数的实部及虚部均变号,但

只要前、后两个采样点对应的函数值点与原点的连线间的夹角大于90°（$\alpha > 90°$），就可以认为找到了有效的复根。

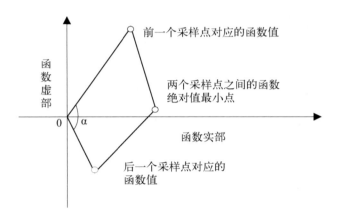

图 3-2　判断复根方法示意图

上述方法的优点在于可以连续赋值迭代，求出特定频率点下所限定的范围内（速度或衰减范围内）所有最小值点，迭代步长及精度可由自己控制，但缺点是必须还要进行判断才能确定是否为根。

3.2.2　涂层为弹性体时 Like-Rayleigh 波频散曲线

先将涂层视为弹性体，以环氧涂层及铝基底为例，选取参数如表 3-1 所示。

表 3-1　弹性体 Epoxy 及 Al 参数

Materials	c_L/(km/s)	c_T/(km/s)	H/mm	ρ/(g/cm³)	c_R/(km/s)
Al	6.32	3.13	∞	2.72	2.92
Epoxy	2.73	1.30	0.1	1.40	1.22

表中，c_L，c_T，c_R 分别为材料的纵波、横波及 Rayleigh 波速。由此得到的 Like-Rayleigh 波频散曲线如图 3-3 所示。

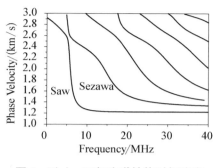

图3-3(a)　环氧为弹性体时相速度频散曲线　　图3-3(b)　环氧为弹性体时群速度频散曲线

可以看出，环氧薄层内有多种导波模式，它们是频散的。前两阶分别称为Saw模式及Sezawa模式。对Saw模式，它的波速随频率增大而减小，将从基底Rayleigh波速逐渐向涂层Rayleigh波速过渡，表明两种介质对波能量的控制随频率变化。关于这种波与两媒质特性的关系，在许多文献中已有讨论[4,13]，这里就不再赘述。

3.2.3　涂层为粘弹体时Like-Rayleigh波频散及衰减曲线

考虑环氧涂层是粘弹体情况，涂层厚度仍为0.1mm，视涂层的体积形变为近似弹性，其流变（粘滞）性质主要表现在切变、形变方面。切变方面看成Kelivn体，则由式(3-2)、式(2-34)及式(2-35)，仍取粘弹体的松弛时间（见式(2-35)注解）$K_\eta = 10^{-10}$及$K_\eta = 10^{-9}$两种情况进行计算，频散及衰减-频率曲线分别如图3-4及图3-5(a)、(b)所示。但由于考虑到粘弹效应，频散方程(3-2)中不再有频厚积项可以单独分离出来，因此，这里所讨论的都是限定厚度下速度、衰减与频率的关系。

从中可以看出：

（1）当粘滞的量级较小时，对频散曲线的影响也较小，这与文

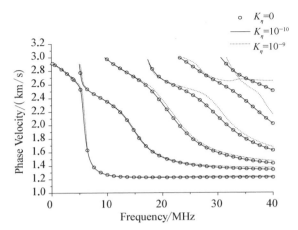

图 3-4 几种情况下相速度频散曲线比较 $K_\eta = 0(\cdot)$，$K_\eta = 10^{-10}(\square)$，$K_\eta = 10^{-9}(o)$

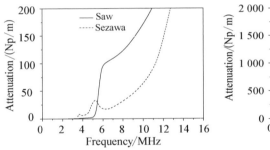

图 3-5(a) $K_\eta = 10^{-10}$ 时的频率-衰减曲线

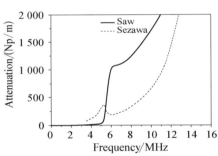

图 3-5(b) $K_\eta = 10^{-9}$ 时的频率-衰减曲线

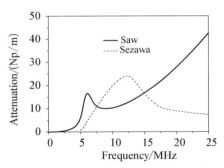

图 3-6 $K_B = 10^{-9}$，$K_\eta = 0$ 频率-衰减曲线

第3章 层状半空间粘接结构中粘弹类表面波传播特性分析

献[22,23]的液体层情况类似。但随着粘滞的增大,高阶模式的变化就显示出来了,因此,讨论粘滞对频散曲线的影响要考虑粘滞的量级及频段的范围。一般对于小粘滞,频散的影响可以忽略。

(2) Saw 模式在低频时衰减很小,这是因为此时波长较大,波的能量主要渗透于基底,而基底是弹性的。但某一频率开始衰减随频率增大而迅速增大,对应频散曲线刚好是波速迅速下降段,说明从涂层进入基底的波的能量迅速减小,涂层中波的能量迅速增大,因而衰减迅速增大。慢涂层-快基底结构存在一段高速衰减区域(这里大约 5~6 MHz),这一区域衰减相对频率较敏感。

(3) 粘滞系数越大,引起衰减越大。对低频而言,K_η 增加一个量级,衰减也近似增加一个量级。

(4) Sezawa 波出现后,其衰减经历一些波动,而后在 Saw 波衰减急速增大时其衰减经历一个极小值(这里约 7 MHz),此时,Saw 波已经具有较高的衰减,而且其他更高阶模式还没出现。这样,如果在这个频率范围内(6~8 MHz)测量其主要成分,有可能是 Sezawa 模式。

(5) 无论是 Saw 模式还是 Sezawa 模式,衰减都随频率继续增大而增大,在高频段 Saw 波速接近于涂层的 Rayleigh 波速,衰减特性也相似于第 2 章的粘弹 Rayleigh 波。

如果认为体变也是粘滞的,与第 2 章一样,由式(2-36),取 K_B 与上面的 K_η 同一量级,即 $K_B = 10^{-9}$,先不计切变粘滞的影响($\eta_k = 0$)计算得到的衰减如图 3-6 所示。从中发现,同样的量级体变粘滞引起的衰减比切变粘滞要小,特别对 Sezawa 波其衰减经历了一个极大值后反而降低,这表明类似粘接结构中,粘接涂层粘弹带来的衰减影响主要来自其切变粘滞方面。而且,一般来说,此类结构体粘滞模量要比切变方向粘滞模量小得多[29],因此,以下研究只考虑切变粘滞引起的衰减。

3.2.4 涂层粘弹模量及厚度对 Like-Rayleigh 波频散及衰减影响

上述计算是基于弹性切变模量不变的情况下仅考虑粘滞带来的影响，而实际上粘弹体的切变模量相对于弹性体而言可能也要发生变化。以下是对粘弹体切变模量的影响进行讨论。定义 K_μ 为粘接涂层与基底切变模量比值，图3-7是 $K_\eta = 10^{-10}$ 时，$K_\mu = 0.05$ 及 $K_\mu = 0.2$ 两种情况下的频散曲线图，图3-8所示为相应的衰减-频率曲线。可以发现：

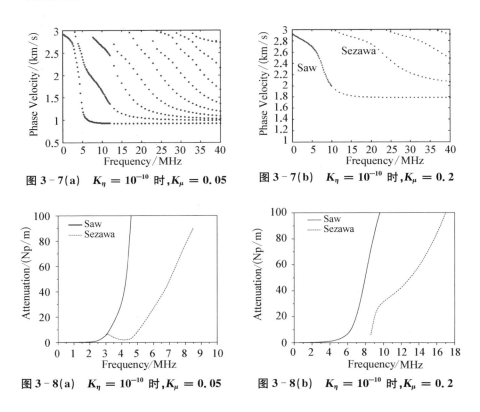

图3-7(a)　$K_\eta = 10^{-10}$ 时，$K_\mu = 0.05$　　图3-7(b)　$K_\eta = 10^{-10}$ 时，$K_\mu = 0.2$

图3-8(a)　$K_\eta = 10^{-10}$ 时，$K_\mu = 0.05$　　图3-8(b)　$K_\eta = 10^{-10}$ 时，$K_\mu = 0.2$

（1）切变模量的变化对类粘弹 Rayleigh 波的频散及衰减曲线影响较大。随着两种材料的切变差异增大，在相同的频率范围内涂层导波的模式进一步增多,各高阶模式截止频率降低。这是因为,从基底角度来看,低频时,能量损失更快,更早地进入了衰减区,同时,其他高阶模式截止频率降低。从涂层方面看,粘弹体在切变方向运动能量更不易传递给基底,更多能量反射回来。由于模式的增多以及粘弹体切变波速的减小,频散曲线的下降更快。

(2) Saw 波刚进入高衰减区时,Sezawa 波的衰减还比较小,但 Sezawa 波的衰减极小值现象在 $K_\mu = 0.2$ 时消失,这种 Sezawa 波的衰减极小值现象只在涂层与基底材料差异较小时出现。

改变涂层的厚度,仍认为体变弹性,切变 Kelivn 体,$K_\eta = 10^{-10}$,厚度为 H_1 为 0.2 mm 及 0.05 mm,所得到的频散及衰减关系如图 3 - 9 及图 3 - 10 所示。则可发现:

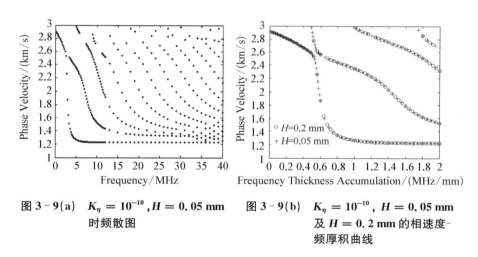

图 3 - 9(a)　$K_\eta = 10^{-10}$,$H = 0.05$ mm 时频散图　　图 3 - 9(b)　$K_\eta = 10^{-10}$,$H = 0.05$ mm 及 $H = 0.2$ mm 的相速度-频厚积曲线

(1) 粘接涂层厚度对相速度-频率曲线的影响较大。涂层越薄,高阶模式截止频率越高,涂层越厚高阶模式截止频率越低。当粘接涂层较厚时,由于低频时,Saw 模式就进入基底也相对少,因此,Saw 模式的高速衰减阶段不如粘接涂层较薄时明显。

(2) 涂层厚度改变引起频散曲线的改变与涂层粘弹切变模量对曲

线的影响有所不同,主要体现在各模式的最低相速度上。

(3)虽然厚度改变了各模式的衰减,但在 Saw 模式迅速衰减时,Sezawa 模式有一个极小值的现象依然存在。

(4)厚度的改变对频厚积-相速度频散曲线影响不大,见图 3-9(b)所示,但对频率-衰减曲线影响较大,如图 3-10 所示。

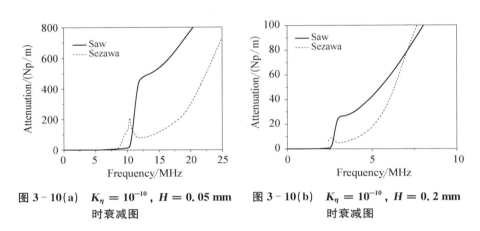

图 3-10(a) $K_\eta = 10^{-10}$, $H = 0.05$ mm 时衰减图

图 3-10(b) $K_\eta = 10^{-10}$, $H = 0.2$ mm 时衰减图

3.2.5 快涂层-慢基底粘接结构的 Like-Rayleigh 波

以上分析的是慢涂层-快基底的粘弹 Like-Rayleigh 波传播特性,即涂层的横波波速小于基底的横波波速。快涂层(薄膜)-慢基底要比上述结构要复杂一些,有可能出现频散曲线"中断"及伪 Rayleigh 波(漏波)现象,所谓"漏波"实际是当波速大于某一介质体波波速时而产生的一种向介质"泄漏"的衰减波,这种衰减不完全是因为粘滞而引起的。P. Zinin[4]等曾从 $V(z)$ 曲线对此进行了解释,这里,我们从粘滞引起的衰减-频率关系来分析。为此,我们首先模拟一组基底材料参数来分析,如表 3-2 所示。这里,基底材料的横波波速略大于薄膜的 Rayleigh 波速。

表 3-2 快涂层-慢基底模拟参数

Materials	c_L(km/s)	c_T(km/s)	H(mm)	ρ(g/cm^3)	c_R(km/s)
Film(Al)	6.32	3.13	0.1	2.72	2.92
Substrate	5.00	3.00	∞	2.8	2.75

认为基底是粘弹体，取 $K_\eta = 10^{-9}$，与上同样的计算，得到的频散曲线及衰减如图 3-11 所示。此时，Saw 模式的波速由基底的 Rayleigh 波速逐渐增大最后趋近于薄膜的 Rayleigh 波速。从衰减关系看，Saw 波衰减先随频率增大而增加，这一频段主要由有粘滞效应的基底控制，波渗入基底的能量较多。但当频率继续增大超过某一值（这里约 18 MHz）时，衰减反而开始减少，表明波的能量逐渐从基底控制转移为薄膜控制，即高频段波的能量主要集中于薄膜层内，这种情况下，Saw 模式不产生伪 Rayleigh 波或漏波。

如果以环氧基底，涂层为铝膜，环氧横波波速小于铝膜的 Rayleigh 波速，取铝膜的厚度为 0.1 mm，环氧的 $K_\eta = 10^{-9}$，则得到的频散曲线及衰减曲线如图 3-11(c)所示。可发现 Saw 波速由基底的 Rayleigh 波速出发随频率增大而增大，但当达到基底横波波速时发生了"中断"（这里约 1.6 MHz），而后，波速继续增大并趋近铝膜的 Rayleigh 波速。但

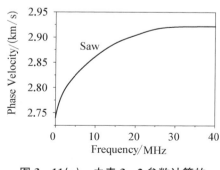

图 3-11(a) 由表 3-2 参数计算的频散曲线

图 3-11(b) 由表 3-2 参数计算的衰减曲线

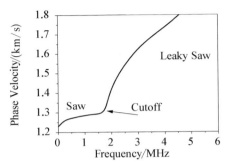

图 3-11(c) 基底为环氧,薄膜为铝时的频散曲线

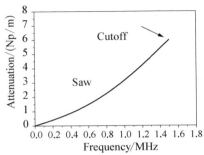

图 3-11(d) 基底为环氧,薄膜为铝时 Saw 模式衰减曲线

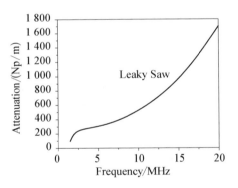

图 3-11(e) 基底为环氧,薄膜为铝时 Leaky Saw 模式衰减曲线

从衰减来看,在 Saw 波速趋近铝的 Rayleigh 时,其衰减并不减小而是继续增大,说明波向基底发生了"泄漏"。这种漏波的衰减机制与粘滞衰减是不同的,即使没有粘滞漏波仍是衰减波,且漏波的衰减幅度要远大于粘滞衰减幅度[图 3-11(d),(e)]。

3.3 涂层-基底结构的粘弹 Love 波

3.3.1 涂层-基底结构的粘弹 Love 频散方程

参见图 3-1,设 SH 波位移振动为 y 方向,关于位移的波动方程为

$$\nabla u_{y1}^2 = \frac{1}{c_{T1}^2}\frac{\partial^2 u_{y1}}{\partial t^2}, \quad \nabla u_{y2}^2 = \frac{1}{c_{T2}^2}\frac{\partial^2 u_{y2}}{\partial t^2} \quad (3-3)$$

式中,c_{T1},c_{T2} 分别是涂层及基底 SH 波速,则位移解为

$$u_{y1} = A_1 e^{j(k_x x - k_1 z - \omega t)} + B_1 e^{j(k_x x + k_1 z - \omega t)}$$
$$u_{y2} = A_2 e^{-k_2 z} e^{j(k_x x - \omega t)} \quad (3-4)$$

其中,$k_x = \dfrac{\omega}{c}$,$k_1 = \sqrt{\dfrac{\omega^2}{c_{T1}^2} - \dfrac{\omega^2}{c^2}}$,$k_2 = \sqrt{\dfrac{\omega^2}{c^2} - \dfrac{\omega^2}{c_{T2}^2}}$。

由边界条件,$z = 0$ 时,位移应力连续,$z = -H$ 时,应力为 0,则

$$u_{y1} = u_{y2}$$
$$\mu_1^* \frac{\partial u_{y1}}{\partial z} = \mu_1^* \frac{\partial u_{y1}}{\partial z} \quad (3-5)$$
$$\mu_1^* \frac{\partial u_{y1}}{\partial z} = 0$$

得其频率方程为

$$\mu_2 k_2 = \mu_1^* k_1 \tan k_1 H \quad (3-6)$$

3.3.2 涂层-基底结构的粘弹 Love 频散及衰减分析

仍考虑环氧涂层-铝基底情况,计算参数如表 3-1 所示,则当视涂

层为弹性体时的频散关系如图 3-12 所示。可以看出，Love 波是频散的，且存在多种模式的导波，波速介于基底及涂层横波波速之间。实际上，Love 波是由俘获在表面层内、并由自由表面及交界面处多次全反射的平面波相干而产生的。Love 波的波速介于涂层及基底横波波速之间，当频率较低时，有更多的能量渗透到基底，而频率较高时，能量主要集中于涂层，因而其波速随频率的增大由基底的横波波速向涂层的横波波速过渡。

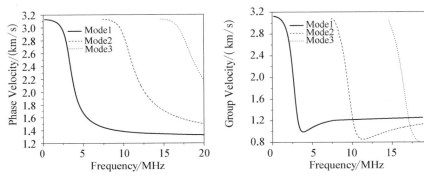

图 3-12(a)　环氧涂层为弹性体时的相速度-频率曲线，环氧厚度 0.1 mm

图 3-12(b)　环氧涂层为弹性体时的群速度-频率曲线，环氧厚度 0.1 mm

图 3-13 所示是 $K_\eta = 0$，$K_\eta = 10^{-10}$，$K_\eta = 10^{-9}$ 时的频散曲线，

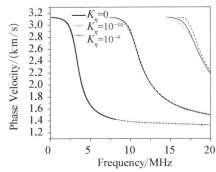

图 3-13　环氧涂层厚度 0.1 mm，基底为铝，$K_\eta = 0$，$K_\eta = 10^{-10}$，$K_\eta = 10^{-9}$ 时频散曲线

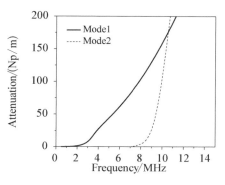

图 3-14(a) 环氧涂层厚度 0.1 mm，基底为铝，$K_\eta = 10^{-10}$ 时衰减-频率曲线

图 3-14(b) 环氧涂层厚度 0.1 mm，基底为铝，$K_\eta = 10^{-9}$ 时衰减-频率曲线

图 3-14 所示为 $K_\eta = 10^{-10}$，$K_\eta = 10^{-9}$ 时的频率-衰减关系。可以发现：

(1) 粘滞对频散的影响不大，只在粘滞较大或高频时，其影响才显示出来；

(2) 小粘滞时，衰减与粘滞系数约成正比；

(3) Love 波粘滞衰减也存在一个高速衰减递增区域，但这段区域并不如 Like-Rayleigh 波明显。

3.4 三层粘接半空间结构的粘弹 Like-Rayleigh 波

3.4.1 三层粘接半空间结构的粘弹 Like-Rayleigh 波频率方程

由式(3-2)可看出，两层半空间粘接结构的频率方程左边是一个 6 阶行列式。如果用同样的方法描述三层半空间结构，其频率方程左边则为 10 阶行列式，这样既不利于数学上的描述，也不利于数值上的计算。为此，这里采用传递矩阵方法建立三层结构的频率方程。

考虑厚度为 H 的各向同性平板,如图 3-15 所示。

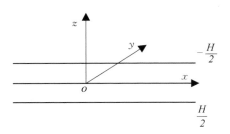

图 3-15 各向同性平板示意图

取板的中央面为 xOy 面,则在 $z=\mp\dfrac{H}{2}$ 两平面上,由式(2-30)可得

$$\begin{bmatrix} -\dfrac{\overline{u}_r^{H_1}}{p} \\ \overline{u}_z^{H_0} \\ -\dfrac{\overline{\tau}_{rz}^{H_1}}{p} \\ \overline{\tau}_{zz}^{H_0} \end{bmatrix}_{z=-\frac{H}{2}} = \boldsymbol{M}_T \begin{bmatrix} Ae^{\frac{\alpha H}{2}} \\ Be^{\frac{\alpha H}{2}} \\ Ce^{\frac{\beta H}{2}} \\ De^{\frac{\beta H}{2}} \end{bmatrix}$$

$$\begin{bmatrix} -\dfrac{\overline{u}_r^{H_1}}{p} \\ \overline{u}_z^{H_0} \\ -\dfrac{\overline{\tau}_{rz}^{H_1}}{p} \\ \overline{\tau}_{zz}^{H_0} \end{bmatrix}_{z=\frac{H}{2}} = \boldsymbol{M}_B \begin{bmatrix} Ae^{\frac{\alpha H}{2}} \\ Be^{\frac{\alpha H}{2}} \\ Ce^{\frac{\beta H}{2}} \\ De^{\frac{\beta H}{2}} \end{bmatrix} \quad (3-7)$$

这里,$\boldsymbol{M}_T$,$\boldsymbol{M}_B$ 分别为上表面和下表面的传递矩阵,分别为

$$\boldsymbol{M}_T = \begin{bmatrix} 1 & e^{-\alpha H} & -\beta & \beta e^{-\beta H} \\ -\alpha & \alpha e^{-\alpha H} & p^2 & p^2 e^{-\beta H} \\ -2\mu\alpha & 2\mu\alpha e^{-\alpha H} & \mu(p^2+\beta^2) & \mu(p^2+\beta^2)e^{-\beta H} \\ \mu(p^2+\beta^2) & \mu(p^2+\beta^2)e^{-\alpha H} & -2\mu\beta p^2 & 2\mu p^2\beta e^{-\beta H} \end{bmatrix}$$

$$\boldsymbol{M}_B = \begin{bmatrix} e^{\alpha H} & 1 & -\beta e^{-\beta H} & \beta \\ -\alpha e^{-\alpha H} & \alpha & p^2 e^{-\beta H} & p^2 \\ -2\mu\alpha e^{-\alpha H} & 2\mu\alpha & \mu(p^2+\beta^2)e^{-\beta H} & \mu(p^2+\beta^2) \\ \mu(p^2+\beta^2)e^{-\alpha H} & \mu(p^2+\beta^2) & -2\mu\beta p^2 e^{-\beta H} & 2\mu p^2\beta \end{bmatrix}$$

可将式(3-7)表示为

$$\begin{bmatrix} -\dfrac{\bar{u}_r^{H_1}}{p} \\ \bar{u}_z^{H_0} \\ -\dfrac{\bar{\tau}_{rz}^{H_1}}{p} \\ \bar{\tau}_{zz}^{H_0} \end{bmatrix}_{z=\frac{H}{2}} = \boldsymbol{M}_B \boldsymbol{M}_T^{-1} \begin{bmatrix} -\dfrac{\bar{u}_r^{H_1}}{p} \\ \bar{u}_z^{H_0} \\ -\dfrac{\bar{\tau}_{rz^1}^{H_1}}{p} \\ \bar{\tau}_{zz}^{H_0} \end{bmatrix}_{z=-\frac{H}{2}} = \boldsymbol{M} \begin{bmatrix} -\dfrac{\bar{u}_r^{H_1}}{p} \\ \bar{u}_z^{H_0} \\ -\dfrac{\bar{\tau}_{rz}^{H_1}}{p} \\ \bar{\tau}_{zz}^{H_0} \end{bmatrix}_{z=-\frac{H}{2}}$$

(3-8)

考虑 n 层粘接平板,自上到下每层厚度 $H_j(j=1,2,\cdots,n)$,利用边界应力及位移连续条件得第 n 层下表面与第一层上表面的传递矩阵关系为

$$\begin{bmatrix} -\dfrac{\bar{u}_r^{H_1}}{p} \\ \bar{u}_z^{H_0} \\ -\dfrac{\bar{\tau}_{rz}^{H_1}}{p} \\ \bar{\tau}_{zz}^{H_0} \end{bmatrix}_{z=\frac{H_n}{2}} = \boldsymbol{T} \begin{bmatrix} -\dfrac{\bar{u}_r^{H_1}}{p} \\ \bar{u}_z^{H_0} \\ -\dfrac{\bar{\tau}_{rz}^{H_1}}{p} \\ \bar{\tau}_{zz}^{H_0} \end{bmatrix}_{z=-\frac{H_1}{2}}$$

(3-9)

式中，$T = M_n M_{n-1} M_{n-2} \cdots M_j M_{j-1} M_{j-2} \cdots M_3 M_2 M_1$。

对各向同性半空间，式(2-29)中 B 和 D 为 0，可得到如下转移关系：

$$\begin{bmatrix} -\dfrac{\bar{u}_r^{H_1}}{p} \\ \bar{u}_z^{H_0} \\ -\dfrac{\bar{\tau}_{rz}^{H_1}}{p} \\ \bar{\tau}_{zz}^{H_0} \end{bmatrix}_{z=0} = N \begin{bmatrix} A \\ C \\ 0 \\ 0 \end{bmatrix} \qquad (3-10)$$

式中

$$N = \begin{bmatrix} 1 & -\beta & 0 & 0 \\ -\alpha & p^2 & 0 & 0 \\ -2\mu\alpha & \mu(p^2+\beta^2) & 1 & 0 \\ \mu(p^2+\beta^2) & -2\mu\beta p^2 & 0 & 1 \end{bmatrix}$$

如果第 n 层为半无限空间，整个结构的传递矩阵关系为

$$\begin{bmatrix} A_n \\ C_n \\ 0 \\ 0 \end{bmatrix} = T \begin{bmatrix} -\dfrac{\bar{u}_r^{H_1}}{p} \\ \bar{u}_z^{H_0} \\ -\dfrac{\bar{\tau}_{rz}^{H_1}}{p} \\ \bar{\tau}_{zz}^{H_0} \end{bmatrix}_{z=-\frac{H_1}{2}} \qquad (3-11)$$

式中，$T = N_n^{-1} M_{n-1} M_{n-2} \cdots M_j M_{j-1} M_{j-2} \cdots M_3 M_2 M_1$。

由式(3-11)，在自由表面 $\left(z = -\dfrac{H_1}{2}\right)$ 处，有

第3章 层状半空间粘接结构中粘弹类表面波传播特性分析

$$\begin{bmatrix} -\dfrac{\bar{u}_r^{H_1}}{p} \\ \bar{u}_z^{H_0} \end{bmatrix} = -\begin{bmatrix} T_{31} & T_{32} \\ T_{33} & T_{34} \end{bmatrix}^{-1} \begin{bmatrix} T_{33} & T_{34} \\ T_{43} & T_{44} \end{bmatrix} \begin{bmatrix} -\dfrac{\bar{\tau}_{rz}^{H_1}}{p} \\ \bar{\tau}_{zz}^{H_0} \end{bmatrix} \quad (3-12)$$

则频率方程为

$$\det \begin{vmatrix} T_{31} & T_{32} \\ T_{33} & T_{34} \end{vmatrix} = 0 \quad (3-13)$$

3.4.2 三层粘接半空间结构的粘弹 Like-Rayleigh 波的频散及衰减

以铝薄膜-环氧胶粘层-铝基底为例,选取厚度分别为 0.1 mm, 0.05 mm, ∞,其他参数同表3-1。计算得到该结构的频散关系如图3-16(a)(相速度-频率)及图3-16(b)(群速度-频率)所示。图3-16中, $K_\eta = 0$ 时,代表弹性体。可以看出,薄层内仍有多种波的模式,且是频散的。对 Saw 模式,波速起始于基底的 Rayleigh 波速,低频特性主要由下面铝基底主导。随着频率的升高(波长变短)其波速由基底的 Rayleigh 波速向胶粘层的 Rayleigh 波速过渡,而后又向上基底的 Rayleigh 波速

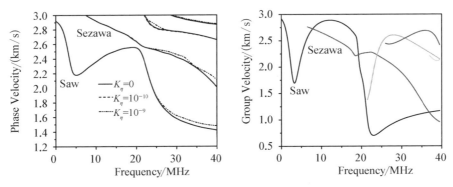

图 3-16 三层半空间粘接结构的频散关系 (a) K_η 分别为 0、10^{-10}、10^{-9} 时的相速度-频率关系,(b) 夹层为弹性体 ($K_\eta = 0$) 时的群速度-频率关系

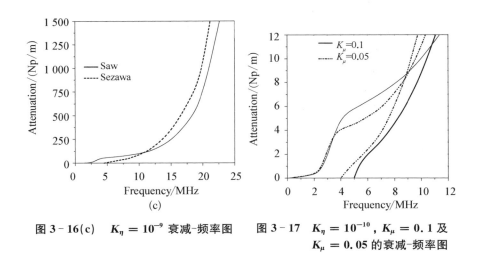

图 3‐16(c)　$K_\eta = 10^{-9}$ 衰减‐频率图　　图 3‐17　$K_\eta = 10^{-10}$，$K_\mu = 0.1$ 及 $K_\mu = 0.05$ 的衰减‐频率图

过渡。但随着频率进一步增加，Saw 波波速并不是无限趋近上面铝膜的 Rayleigh 波速，而是在某一频率后(这里约 18 MHz)反而又迅速下降，出现"能陷"(Trapped wave)[30]。同样，小粘滞对频散的影响不大，只在粘滞较大或频率较高时才对频散关系产生较明显的影响。图 3‐17 显示的是几种情况下 Saw 模式及 Szawa 模式的衰减‐频率关系，可以看出，在三层半空间粘接结构中 Swa 模式仍然会出现一段高速衰减区域。

图 3‐18 及图 3‐19 所示是 $K_\eta = 10^{-10}$、$K_\eta = 10^{-9}$ 及切变模量变

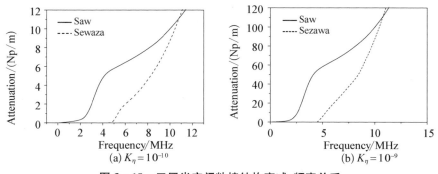

(a) $K_\eta = 10^{-10}$　　　　　　　　(b) $K_\eta = 10^{-9}$

图 3‐18　三层半空间粘接结构衰减‐频率关系

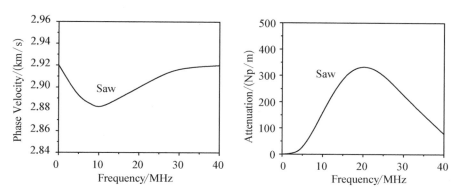

图 3-19　中间粘接层的横波波速大于上表层薄膜及基底的 Rayleigh 波速时，(a) 相速度-频率图，(b) 衰减-频率图。各层厚度 0.1 mm，0.05 mm，∞，$K_\eta = 10^{-9}$

化时的衰减-频率曲线，各量的意义与两层结构中定义相同。从图中可以发现，一些与两层粘接结构中类似的结论，不再赘述。

3.4.3　三层粘接半空间结构的粘弹能陷波及其衰减特性

Parra 等[30]在研究层状结构中存在低速多孔介质的导波模式频散特性时，发现能陷模式波的存在，张碧星[11]等对此进行了数值分析，并从位移分布上判断出该模式的能量主要集中在低速夹层内。这里从粘滞引起的衰减角度予以分析。

首先计算一组模拟参数，中间低速夹层的选取如表 3-2 中基底的参数，三层半空间粘接结构上表面薄膜及基底为铝，且中间低速夹层的横波波速略大于铝的 Rayleigh 波速，取 $K_\eta = 10^{-9}$，则所得到的频散及衰减关系见图 3-19。这时，Saw 波仍始于基底（铝）的 Rayleigh 波速，而后，减小向夹层的 Rayleigh 波速过渡。在还没有达到夹层 Rayleigh 波速时就又开始增大，并向薄膜（铝）的 Rayleigh 波速趋近。从衰减曲线看，由于只计入中间层的粘滞，低频时，波的能量向基底渗透的多，而基底是弹性的，因而开始衰减很小。而后，能量逐渐由中间层控制，相应地,粘滞衰减随频率在增加。但随着频率继续增加能量又主要向薄膜层内集中,这时,向中间层及下基底渗透的能量很少。由于薄膜(铝)也看成弹性体,所以,粘滞衰减又逐渐减小。这时,没有"能陷"现象产生。

现在考虑夹层为环氧情况,环氧的横波波速小于铝的 Rayleigh 波速,计算得到的衰减曲线如图 3-16(c)所示。由此可知,开始时,衰减出现了一个高速增大区域,表示向夹层渗透的能量在增大,下基底的能量减小。而后衰减历经一个相对平稳区域,这是因为一方面,渗透到层内的能量(或位移幅度)在减小,使由此引起的粘滞衰减也在减小,但粘滞衰减又是随频率增大而增大的。但当频率继续增大到某一值后(18 MHz),衰减又开始迅速增大,这说明波的能量又开始向环氧层渗透,即出现所谓的"能陷波"。此后,Like-Rayleigh 波的能量不是集中在上层薄膜的自由表面附近,而是在中间层或二者界面处,因而这种模式的波将会带有更多地粘接层及粘接界面特性信息。当然,这种波的检测是有难度的,一方面,要求高频,另一方面,很难从自由界面检测到。

由上述可知,层状粘接结构中能否产生"能陷"的关键是中间层的横波波速是否小于上层及基底的 Rayleigh 波速。需要强调的是,这种波与上面提到的"漏波"的衰减机制是不同的,"漏波"主要沿结构上表面传播,同时向下基底泄漏能量,其波的能量主要集中在上薄膜(涂层)内,衰减主要由"泄漏"引起;但这里"能陷"波的能量主要集中在夹层中或介质界面处,衰减主要由中间夹层的粘滞引起。

3.5 激光激发层状半空间粘接结构的粘弹 Like-Rayleigh 波

由式(3-12)可得层状半空间粘接结构自由表面的法向位移变换域

第3章 层状半空间粘接结构中粘弹类表面波传播特性分析

表达式为

$$\bar{u}_z^{H_0} = -N_{21}\frac{\bar{\tau}_{rz}^{H_1}}{p} + N_{22}\bar{\tau}_{zz}^{H_{01}} \qquad (3-14)$$

式中，$N = -\begin{bmatrix} T_{31} & T_{32} \\ T_{33} & T_{34} \end{bmatrix}^{-1} \begin{bmatrix} T_{33} & T_{34} \\ T_{43} & T_{44} \end{bmatrix}$。

取激光在自由表面产生的热弹切向应力 $\bar{\tau}_{rz}^{H_1}$ 及法向应力 $\bar{\tau}_{zz}^{H_{01}}$ 的形式如式(2-31)所示，源 Q 的时空特性如式(2-38)所示。对式(3-14)做零阶 Hankel 及 Laplace 反变换，即可得到脉冲激光在层状半空间粘接结构自由表面激发的瞬时波形。仍取激光源脉冲的上升时间 $t_0 = 10$ ns，高斯光束强度为 $\frac{1}{e^2}$ 时的半径 $R=0.1$ mm，源-接收点之间的距离 $r=5.00$ mm，表面法向位移反演结果如图 3-20 和图 3-21 所示。

分析图形可以看出，对环氧-铝两层结构(图 3-20)：

(1) 可以看到头波的波形。

(2) 下一个波峰的声时约 1.70 μs，其波速为 2.94 mm/μs，对应于铝的 Rayleigh 波速，正是 Saw 模式低频特征。

(3) Saw 波低频成分先到，高频成分后到。不计环氧粘滞衰减时，高频段波幅度稍大于低频段，这是因为高频的能量更集中于自由表面，而这里计算的就是自由表面的法向位移幅度。但当计及环氧粘滞衰减时，由于衰减随频率增大而增大，粘滞对高频段幅度影响就显示出来了，粘滞越大衰减越明显。

对铝膜-环氧层-铝基底三层结构(图 3-21)：

(1) 激光激发在铝的自由表面，可以清楚地看到头波(H)到达；

(2) Saw 模式高频组分及低频组分在中心频率前明显地叠加在了一起，说明有高频及低频组分速度相同，可由频散曲线中相速度先减小

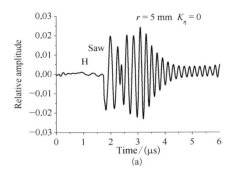
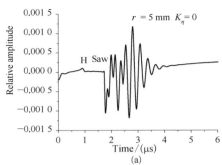
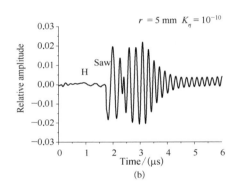
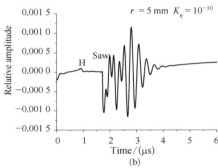
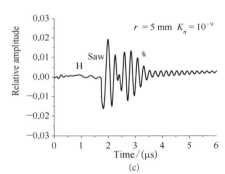
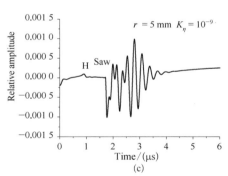

图 3-20 环氧-铝半空间粘接结构 $r=5$ mm 处的法向位移瞬时波形,环氧和铝的厚度分别为 0.1 mm 和 ∞
(a) $K_\eta = 0$
(b) $K_\eta = 10^{-10}$
(c) $K_\eta = 10^{-9}$

图 3-21 铝-环氧-铝半空间粘接结构 $r=5$ mm 处的法向位移瞬时波形,三层厚度分别为 0.1 mm,0.05 mm 和 ∞
(a) $K_\eta = 0$
(b) $K_\eta = 10^{-10}$
(c) $K_\eta = 10^{-9}$

有增大予以解释；

（3）随着粘滞的增大，可以看出衰减对波幅度的影响。

3.6 本章小结

本章主要研究了层状粘接结构中类粘弹 Rayleigh 波的基本传播特性，包括慢涂层-快基底结构、快涂层（薄膜）-慢基底结构及低速夹层结构。基于粘弹的基本理论建立了粘弹 Rayleigh 波的频率方程，探讨以上三种结构的类粘弹 Rayleigh 波的频散特性及衰减特性，提出了由粘滞衰减判断"能陷波"的方法，数值模拟了时域类粘弹 Rayleigh 波的瞬态波形。结论如下：

（1）当粘滞量级较小时，介质粘弹特性对频散曲线的影响也较小。粘滞系数越大，引起衰减越大。对低频而言，K_η 增加一个量级，衰减也近似增加一个量级。粘接涂层粘滞带来的衰减影响主要来自于切变粘滞。

（2）涂层切变模量对类粘弹 Rayleigh 波的频散及衰减曲线影响较大。对（慢）涂层-基底结构，随着两种材料的切变模量差异增大，在相同的频率范围内涂层导波的模式进一步增多，各高阶模式截止频率降低。涂层的厚度也影响波的频率-速度关系，但不大影响速度-频厚积关系。厚度越厚，进入高速衰减区域对应的频率越低。

（3）快涂层-慢基底结构会出现"漏波"现象，这种漏波的衰减是由于能量从一种介质向另一种介质"泄漏"而产生的，与粘滞衰减不同。

（4）对于上基底（薄膜）-低速粘弹夹层-下基底三层粘接结构，材料粘弹特性对类 Rayleigh 波的影响与涂层基底结构类似。但可能会出现"能陷波"，这可以由波的衰减特性进行判断。

（5）数值反演的类粘弹 Rayleigh 波瞬态波形与理论预言吻合。

第 4 章
平面粘接结构中界面波传播特性研究

4.1 引　　言

　　最常见的粘接结构是两种固体平面材料被一层很薄的胶粘层粘连，对于这种粘接结构超声检测最常用的是谐振法[1]，如福克胶粘检验仪，就是利用两个质量块共振过程中形成的频率漂移及谐振频率大小来定征粘接强度，但这种方法比较适合内聚强度的检测，对附着强度效果不好。另一种常用方法是利用法向入射或斜入射超声波反射频谱极值的变化来判断粘接状况[2-5]。这种频移对胶层的厚度最敏感[3]，在假定胶层厚度不变的情况下可以得到反射频谱极值与其他参量的关系。但由于胶粘层的厚度很薄（一般 μm 数量级），胶层厚度微小变化（这是工艺上难免的）都会引起相对值较大的变化，这样就难以断定到底是厚度不均匀引起的变化还是粘接状况引起的变化。Lamb 波或导波[6,12]的频散特性不仅与胶粘层的厚度有关，还可能与被粘薄板的厚度有关。理论上而言，沿粘接界面传播的界面波将带有更多的界面状况信息，且不受上述条件限制，是检测界面状况较好的载体。然而这种界面波无论在激发还是接收上都要比以上情况困难得多。目前常用的方法是利用表面波转换方法，如图4-1所示。从A处激发产生的表面波在B处发生反射、绕射（散射）及透射，透射的波变为界面波。到达C点时界面波再转换成表面波，并在D点检测表面波。可以看出其效率是比较低的，一般在B处90%以上的能量都被反射回来了[7]。激光超声可以使这种效率大大提高，激光激发及干涉仪检测可以直接在BC间界面进行，如果两种介质之一是透光的话。

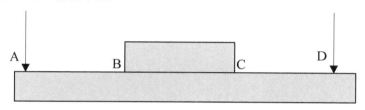

图4-1 表面波转换界面波示意图

由于胶粘层有一定的厚度，所以上述方法在层中产生的波一般是界面导波，很多文献对此进行过研究。如Roklin[8,9]等利用这种界面导波对夹层薄膜粘弹特性及粘接强度进行了分析及估计。Nagy[10]将界面导波与界面特性建立起了一定联系。Peter[11]从漏隙导波角度研究了粘接脱胶情况的反射频谱变化。Liviu Shinger[12]则利用弹簧模型尝试建立导波和粘接强度的联系。但导波的一个共同的问题是对层的厚度很敏感，而且要考虑到两个界面的情况，因而从理论上也很难建立起波与某种粘接特性的具体联系。

对上述结构，实际上只要胶粘层足够薄就可以认为是两种介质直接耦合[7]，如果粘接足够强，则可认为是完全"焊接"（welded）连接，即位移应力均连续，这时能存在的无频散、无衰减的界面波称为Stoneley波。Stoneley波是一种非均匀波，沿垂直两种介质界面方向指数衰减，其波长也远大于胶层厚度，如此就可避免胶层厚度变化引起的上述问题，只不过此时认为只存在一个粘接界面。或者当胶层较厚（远大于Rayleigh波长）时，也可认为胶粘层与被粘物粘接界面可能存在

Stoneley 波。理论上 Stoneley 波比较适合粘接界面状况的检测,但是除了上述激发及检测难的问题外,Stoneley 波只在很少一部分材料组合界面才能存在,尽管"滑移"界面使 Stoneley 波的存在范围扩大,但存在范围仍然有限,只有当一种介质变为液体时,这种波才始终存在(此时通常称为 Schotle 波)[13-16],但这已不属于粘接问题。

实际上,Stoneley 波只是界面波频率方程关于 c^2(c 为界面波广义相速度)16 个根中的一个实根[17],所对应的波是不衰减也不频散的。此外其他的复根对应的是各种可能的"漏波",这些波衰减的很快,但只要检测技术足够精确的话,利用这些波来评价粘接状况仍然是有可能的。如果胶层不能提供所谓的完全"焊接"连接,则这种界面波还有可能出现衰减或频散现象。Richard[7]使用不同的研磨材料对粘接界面进行研磨,使界面出现不同尺寸的粘接缺陷,定量测量了界面波的衰减与研磨材料颗粒尺寸的关系,发现界面越粗糙,衰减越大。Laura[18]等对两个同种固体半空间界面存在裂纹时的界面波进行了研究,利用弹簧模型来表示界面连接状态,发现有不同于 Stoneley 波的界面波存在。这种界面波不同于 Stoneley 波是因为这种波能存在于两同种材料之间的界面上,而且是频散的。这种界面波由两种模式构成,分别称为慢波模式及快波模式,两种模式的波速都起始于材料的横波波速,随频率增大向材料的 Rayleigh 波速过渡。两种模式波对法向及切向弹簧劲度系数敏感程度不一样,能量也是不同的,慢波的能量远大于快波。他们认为这是由于上下两 Rayleigh 相互耦合的结果。我们发现,如果将弹簧模型引入到粘接界面时理论上仍会出现类似的波,如果能检测到的话,有可能用于粘接界面特性的检测。在两种粘接材料的声学参数相差的较大时,如一种材料的纵波声速小于另外一种材料横波声速时(常分别称为"软介质"及"硬介质"),漏波产生的可能性很大。特别是漏 Rayleigh 波,是指沿硬介质界面传播的,不断向软介质辐射能量传播的 Rayleigh

第 4 章 平面粘接结构中界面波传播特性研究

波,因而这种波是衰减的。但由于 Rayleigh 波能量大,传播距离仍很远,因而漏 Rayleigh 波仍是无损检测的一个可利用的载体。

本章将在理论上研究界面波可能的各种模式,求解各模式对应的频率方程的根,分析几种模式界面波的传播特性,在此基础上对弱连接粘接界面可能的几种界面波的频散或衰减特性进行分析。

4.2 界面波传播特性研究

4.2.1 界面波频率方程

选取坐标系如图 4-2 所示。

图 4-2 产生 Stoneley 波坐标示意图

则关于位移势函数的解可表示为

$$\phi_1 = A_1 e^{-\alpha_1 z} e^{i(kx-\omega t)}, \ \psi_1 = B_1 e^{-\beta_1 z} e^{i(kx-\omega t)}$$
$$\phi_2 = A_2 e^{\alpha_2 z} e^{i(kx-\omega t)}, \ \psi_2 = B_2 e^{\beta_1 z} e^{i(kx-\omega t)} \tag{4-1}$$

其中

$$k = \frac{\omega}{c}, \ \alpha_1 = \sqrt{\frac{\omega^2}{c^2} - \frac{\omega^2}{c_{L1}^2}}, \ \beta_1 = \sqrt{\frac{\omega^2}{c^2} - \frac{\omega^2}{c_{T1}^2}},$$

$$\alpha_2 = \sqrt{\frac{\omega^2}{c^2} - \frac{\omega^2}{c_{L2}^2}}, \ \beta_2 = \sqrt{\frac{\omega^2}{c^2} - \frac{\omega^2}{c_{T2}^2}},$$

c_{L1}, c_{T1}, c_{L2}, c_{T2} 分别为介质 1、2 的纵波及横波波速，下标分别代表 1、2 两种介质对应的参量，下同。

位移及应力以位移势函数的表示为

$$u_x = \frac{\partial \phi}{\partial x} + \frac{\partial \psi}{\partial z}, \quad u_z = \frac{\partial \phi}{\partial z} - \frac{\partial \psi}{\partial x}$$

$$\tau_{zx} = \mu \left(2\frac{\partial^2 \phi}{\partial x \partial z} + \frac{\partial^2 \psi}{\partial z^2} - \frac{\partial^2 \psi}{\partial x^2} \right)$$

$$\tau_{zz} = (\lambda + 2\mu) \left(\frac{\partial^2 \phi}{\partial x^2} + \frac{\partial^2 \phi}{\partial z^2} \right) - 2\mu \left(\frac{\partial^2 \phi}{\partial x^2} + \frac{\partial^2 \psi}{\partial x \partial z} \right)$$

$$(4-2)$$

由边界条件，$z = 0$ 处位移应力连续的界面波的频率方程为

$$\det \begin{vmatrix} 1 & \dfrac{\beta_1}{k} & -1 & \dfrac{\beta_2}{k} \\ 1 & \dfrac{k}{\alpha_1} & \dfrac{\alpha_2}{\alpha_1} & \dfrac{-k}{\alpha_1} \\ 2\alpha_1 k & (\beta_1^2 + k^2) & \dfrac{2\mu_2 \alpha_2 k}{\mu_1} & \dfrac{-\mu_2(\beta_2^2 + k^2)}{\mu_1} \\ (\beta_1^2 + k^2) & 2\beta_2 k & \dfrac{-\mu_2(\beta_2^2 + k^2)}{\mu_1} & \dfrac{2\mu_2 \beta_2 k}{\mu_1} \end{vmatrix} = 0$$

$$(4-3a)$$

或写成展开形式

$$c^4 \{(\rho_1 - \rho_2)^2 - (\rho_1 A_2 + \rho_2 A_1)(\rho_1 B_2 + \rho_2 B_1)\}$$
$$+ 2Kc^2 \{\rho_1 A_2 B_2 - \rho_2 A_1 B_2 - \rho_1 + \rho_2\} \quad (4-3b)$$
$$+ K^2 (A_1 B_1 - 1)(A_2 B_2 - 1) = 0$$

式中

$$A_1 = \sqrt{1 - \frac{c^2}{c_{L1}^2}}, \quad A_2 = \sqrt{1 - \frac{c^2}{c_{L2}^2}}, \quad B_1 = \sqrt{1 - \frac{c^2}{c_{T1}^2}}, \quad A_2 = \sqrt{1 - \frac{c^2}{c_{T1}^2}},$$

$$K = 2(\rho_1 c_{T1}^2 - \rho_2 c_{T2}^2)。$$

该方程共有 16 个关于 c^2 的根,Stoneley 波(如果存在的话)对应其中一个实根。关于该方程的求根问题是一个复杂的问题,一是多根问题,二是复根问题。具体求解过程要涉及复变函数的黎曼概念以及复根的数值求解方法。关于这方面的研究只在很早的一些文献中见到[21],近期的有关界面波的研究(流-固界面居多)很少提及关于该方程各个根的求解方法。因此,以下首先对此问题进行一些研究。

4.2.2 界面波频率方程的求根

由式(4-3)可以看出,界面波的频率方程式是关于 c^2 的函数,方程中有开方项。当 $c < \min(c_{T2}, c_{T1})$ 时,根号内为正实数,这时方程的根在实数范围内,这种实根只在很少一些材料组合中能存在,且为唯一的实根(对应的就是 Stoneley 波)。但当 c 大于 c_{L1},c_{T1},c_{L2},c_{T2} 中任何一项时,方程中根号内就有可能为负数,相应地出现复根。但复数开方时其复角的主值范围的值域区间为

$$-\frac{\pi}{2} \leqslant \arg[\alpha, \beta] \leqslant \frac{\pi}{2} \quad (4-4)$$

即开方后复数的实部为正,处于复平面的 1、4 象限。考虑到 2、3 象限的复根,则关于 α_1,α_2,β_1 及 β_2 的黎曼(Riemann)面就有 16 个,数学意义上讲就会有关于 c^2 的 16 个根。由于方程中的 c 都是以平方形式出现的,所以关于 c 的共轭复数也是方程的根,如果再考虑到负的速度(表示反向传播的波),则两半无限固体间界面波关于波速的 c 根就可能会达到 32 个之多。但实际的根没有这么多,这是因为 32 个根中有许多是重根(由于 Riemann 面的对称性),也有一些根不符合物理规律(如沿传播方向波的能量不能增加)。这么多的根中具体对应波哪些波存在,只能

由实验来验证,就目前而言,人们从实验中已探测到过 3 个类型的界面波,即 Stoneley 波、Leaky Interface 波及 Leaky Rayleigh 波[23,24]。

表 4-1 给出了界面波关于 α,β 的 8 个 Riemann 面,表 4-2 为一些材料的参数。

表 4-1 界面波关于 α,β 的 8 个 Riemann 面

类别 \ 名称	α_1	β_1	α_2	β_2
A	+	+	+	+
B	−	+	+	+
C	+	−	+	+
D	+	+	−	+
E	+	+	+	−
F	−	−	+	+
G	+	−	−	+
H	+	−	+	−

表 4-2 几种材料的参数

材料 \ 参数	c_T (SV 波波速)/(m/s)	c_L (P 波波速)/(m/s)	c_R (Rayleigh 波波速)/(m/s)	ρ 密度/(kg/m³)
铝	3 130	6 320	2 921	2 700
钢	3 300	6 100	3 057	7 800
玻璃	3 280	5 640	3 013	2 323
石英玻璃	3 764	5 968	3 409	2 195
环氧	1 300	2 700	1 215	1 400
有机玻璃	1 280	2 620	1 214	1 140
钨	2 890	5 200	2 671	19 300

由式(4-3)的对称性可以判断,关于 α,β 的 16 个 Riemann 面中只有 8 个是独立的,另外 8 个与之对称,如(++++)与(−−−−)

第 4 章 平面粘接结构中界面波传播特性研究

Riemann 面的根一致,(+--+)与(-++-)Riemann 的根一致。利用表 4-2 提供的参数,对几种材料"焊接"及"滑移"连接两种情况下界面波的根进行求解,结果如表 4-3(a)—(c)所示。分析可得:

(1) Stoneley 波是否存在的条件与两种材料的密度比,横波波速比有关。在上述材料中,以下一些情况组合理论上会出现 Stoneley 波,分别为:

① 石英玻璃-钢

密度比:$\frac{\rho_{钢}}{\rho_{石英玻璃}} = 3.35$;横波波速比:$\frac{c_{T石英玻璃}}{c_{T钢}} = 1.135$;Stoneley 波速 3 284.5 m/s(焊接)及 3 112.4 m/s(滑移)。

② 玻璃-钢

密度比:$\frac{\rho_{钢}}{\rho_{玻璃}} = 3.58$;横波波速比:$\frac{c_{T玻璃}}{c_{T钢}} = 0.994$,Stoneley 波速为 3 236.6 m/s(焊接)及 3 047.0 m/s(滑移)。

③ 石英玻璃-铝

密度比:$\frac{\rho_{铝}}{\rho_{石英玻璃}} = 1.23$;横波波速比:$\frac{c_{T石英玻璃}}{c_{T铝}} = 1.197$,Stoneley 波速 3 060.2 m/s(滑移),"焊接"时不存在。

④ 石英玻璃-钨

密度比:$\frac{\rho_{钨}}{\rho_{玻璃}} = 8.79$;横波波速比:$\frac{c_{T玻璃}}{c_{T钨}} = 1.302$,Stoneley 波速为 2 823.3 m/s(焊接)及 2 719.5 m/s(滑移)。

(2) 由以上计算可以看出,Stoneley 波速对应(++++)Riemann 上唯一的一个实根,波速 $c < \min(c_{T2}, c_{T1})$ 且是介于两材料间最低横波波速与高密度材料的 Rayleigh 波速之间[21]。对弹性介质而言,Stoneley 波沿 x 方向非频散地传播,沿两种介质界面垂直方向(z 方向)指数衰减。"滑移"界面 Stoneley 波出现的机会比"焊接"界面大(如石英玻璃-铝组合,焊接连接是不存在 Stoneley,但滑移连接时存在)。

表 4-3(a)　铝-环氧界面波的根

Riemann sheet	铝-环氧(Welded)	铝-环氧(slip)
A	No Stoneley wave	No Stoneley wave
B	4.148 415 920 020 988e+003 −3.030 870 220 323 110e+002i	2.910 608 165 919 892e+003 −2.838 293 365 193 657e+002i
C	2.621 807 856 658 488e+003 −1.533 869 270 900 672e+002i	2.661 615 212 052 749e+003 −2.953 540 570 492 452e+001i
D	5.957 526 226 669 095e+003 −1.316 215 787 349 963e+003i	6.440 769 662 076 104e+003 −9.439 428 118 303 125e+002i
E	6.151 415 584 587 952e+003 −4.735 001 655 150 711e+002i	5.620 876 886 265 743e+003 −7.029 524 450 033 080e+002i
F	2.966 651 219 813 316e+003 −2.654 577 204 554 371e+002i	3.012 775 343 846 666e+003 −2.108 639 932 531 751e+002i
G	3.155 675 402 505 756e+003 −3.383 973 533 800 184e+002i	2.729 188 435 497 099e+003 −5.024 683 744 863 823e−002i
H	3.155 675 402 505 756e+003 −3.383 973 533 800 184e+002i	5.616 521 265 406 906e+003 −7.476 896 777 820 380e+002i

表 4-3(b)　钢-石英玻璃界面波的根

Riemann sheet	钢-石英玻璃(Welded)	钢-石英玻璃(slip)
A	3.284 479 769 903 864e+003 (Stoneley wave)	3.112 367 177 961 524e+003 (Stoneley wave)
B	3.284 432 240 842 368e+003 −2.122 116 608 055 044e−007i	5.968 025 098 099 828e+003 −3.591 331 423 957 138e−001i
C	3.252 411 818 996 575e+003 −7.283 960 437 438 009e−007i	3.778 135 488 151 816e+003 −9.845 415 823 115 411e+002i
D	5.915 116 524 634 477e+003 +6.640 552 345 112 550e+002i	6.342 007 151 017 377e+003 −4.540 356 135 146 473e−004i
E	6.142 514 061 647 993e+003 −4.957 803 052 391 586e+002i	5.808 614 069 841 011e+003 −6.028 285 229 023 960e+002i
F	2.963 610 634 037 090e+003 −1.459 180 818 202 434e−005i	2.963 978 607 175 606e+003 −6.684 879 831 141 662e−003i

第4章 平面粘接结构中界面波传播特性研究

续 表

Riemann sheet	钢-石英玻璃(Welded)	钢-石英玻璃(slip)
G	5.879 063 280 134 279e+003 −8.231 455 762 163 595e+002i	5.922 828 690 464 249e+003 −7.365 986 706 137 478e+002i
H	NO roots	6.452 318 909 656 901e+003 −3.502 234 545 991 119e+002i

表 4-3(c) 铝-石英玻璃界面波的根

Riemann sheet	铝-石英玻璃(Welded)	铝-石英玻璃(slip)
A	No Stoneley wave	3.060 169 338 618 101e+003 (Stoneley waves)
B	5.764 586 848 643 893e+003 −7.912 004 026 500 685e+001i	5.961 141 936 917 679e+003 −1.757 609 001 710 196e+000i
C	6.342 243 258 372 278e+003 +1.085 929 429 277 960e−003i	5.244 268 604 143 295e+003 −6.012 018 886 404 220e+002i
D	No roots	6.542 638 951 338 749e+003 −2.192 505 031 139 991e−007i
E	4.019 949 475 796 001e+003 −2.981 652 098 592 732e+002i	4.563 872 931 091 305e+003 −3.695 387 904 102 455e+002i
F	2.266 015 457 078 742e+003 −9.504 472 784 647 406e−001i	4.769 277 711 528 938e+003 −3.219 320 409 453 808e+002i
G	3.726 988 765 509 542e+003 −3.373 951 485 194 240e+003i	5.952 154 893 823 493e+003 −3.935 971 257 528 951e+000i
H	No roots	4.769 277 708 040 927e+003 −3.219 320 399 708 208e+002i

(3) 8个Riemann面上的根分布很复杂,没有必然的规律,理论上能出现16个根,但每个Riemann面上出现几个根也没有必然的规律。除了上述求根时Riemann面的变化外,当c的实部过"支点"时也会产生"跳跃",计算时搜索的范围也是有限(这里速度搜索范围从500~7 000 m/s)。因此上述计算结果只是对于特定参数情况下的一些结论,

其他材料的组合应具体问题具体分析。

4.2.3 几种界面波传播特性分析

目前人们已经从实验上探测到了存在三种模式的界面波[22,23]，这里将从理论上对这三种模式的传播特性进行分析。

界面波频率方程中式(4-3)有 4 个平方根项，当 c 大于 c_{L1}，c_{T1}，c_{L2}，c_{T2} 中任何一个波速时，就会出现复根，产生对应的"漏波"。假定介质 1 的横波波速 c_{T1} 及纵波波速 c_{L1} 均小于介质 2 横波波速 c_{T2}（当然也小于介质 2 的纵波波速），第一个"漏波"是在 $c > c_{T1}$ 时出现，第二个在 $c > c_{L1}$ 时产生。Pilant[17]在数值研究这两种模式的波时发现，当介质 1 的切变模量趋于 0（流-固界面）时，波速较小的一个逐渐过渡到 Scholte 波，而另一个在趋近于介质 2 的 Rayleigh 波速，他把这两种波分别称为"界面波"(Interface wave)和"表面波"(Rayleigh wave)，但实际上是两种"漏波"。为了与实际的界面波和表面波区分，这里我们称之为"漏界面波"(Leaky Interface wave)及"漏表面波"(Leaky Rayeigh wave)。

为便于讨论，取位移势如下形式

$$\phi = A \exp i(k_{Lx}x + k_{Lz}z - \omega t)$$
$$\psi = B \exp i(k_{Tx}x + k_{Tz}z - \omega t) \tag{4-5}$$

式中，k_{Lx}，k_{Lz} 及 k_{Tx}，k_{Tz} 分别表示纵波及横波波矢在 x，z 方向上的分量，取 $\alpha = \mp ik_{Lz}$，$\beta = \mp ik_{Tz}$，即为式(4-1)的表述。

取波矢的复数形式为

$$k = k' + ik'' \tag{4-6}$$

式中，实部 k' 表示实际传播波矢，虚部 k'' 表示衰减，因而在 z，x 方向上有

$$k_{Tz} = k'_{Tz} + ik''_{Tz},\ k_{Lz} = k'_{Lz} + ik''_{Lz}$$
$$k_{Tx} = k'_{Tx} + ik''_{Tx},\ k_{Lx} = k'_{Lx} + ik''_{Lx}$$

1. Stoneley wave

对应的 Riemann 面为表 4-1 中的 A 状况，这时：

$k''_{Tz1} > 0$（表示波沿 $+z$ 方向衰减），$k'_{Tz1} = 0$（没有沿 z 方向传播的波），$k''_{T1} = k''_{Tz1}$；

$k''_{Lz1} > 0$（表示波沿 $+z$ 方向衰减），$k'_{Lz1} = 0$（没有沿 z 方向传播的波），$k''_{L1} = k''_{Lz1}$；

$k''_{Tz2} < 0$（表示波沿 $-z$ 方向衰减），$k'_{Tz2} = 0$（没有沿 z 方向传播的波），$k''_{T2} = k''_{Tz2}$；

$k''_{Lz2} < 0$（表示波沿 $-z$ 方向衰减），$k'_{Lz2} = 0$（没有沿 z 方向传播的波），$k''_{T2} = k''_{Tz2}$；

如沿 x 方向传播的波矢表示为 $k = k'_x + ik''_x$，则

$k'_{Tx1} = k'_{Lx1} = k'_{Tx2} = k'_{Lx2} = k'_x$（介质 1,2 沿 x 方向波矢一致）；

$k''_{Tx1} = k''_{Lx1} = k''_{Tx2} = k''_{Lx2} = k''_x = 0$（波沿 x 方向不衰减）。

图 4-3 为 Stoneley 的传播状态示意图,(a)描述了 Stoneley 波波矢在两种介质中的传播方向,(b)为两种介质中位移势变化趋势。

可以看出,Stoneley 波沿平行于界面方向（x 方向）传播,沿传播方向没有衰减；波沿垂直于界面方向（z 方向）指数衰减,但沿 z 方向没有波矢分量,即波在 z 方向没有传播；Stoneley 波由两种介质耦合而成,能量主要集中在两种介质距离界面的几个波长之内；Stoneley 波的位移势也随离开界面的距离增大而指数减小。

2. Leaky Interface wave

对应的 Riemann 面为表 4-1 中的 C 状况,这时由于 β_1 前取负号,横波位移势沿 $+z$ 方向不是衰减,而是增强的(类似现象在液固界面观察到过[23]),所以有

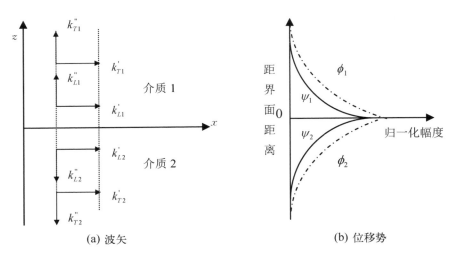

(a) 波矢   (b) 位移势

图 4-3 Stoneley wave 传播状态示意图

$k''_{Tz1} < 0$（沿 $+z$ 方向增强），$k'_{Tz1} > 0$（有沿 $+z$ 方向的横波波矢）；

$k''_{Lz1} > 0$（沿 $+z$ 方向衰减），$k'_{Lz1} < 0$；

$k''_{Tz2} < 0$，$k'_{Tz2} > 0$（向 $+z$ 方向传播）；

$k''_{Lz2} < 0$，$k'_{Lz2} > 0$（向 $+z$ 方向传播）；

$k'_{Tx1} = k'_{Lx1} = k'_{Tx2} = k'_{Lx2} = k'_x$（介质 1,2 沿 x 方向波矢仍一致）；

$k''_{Tx1} = k''_{Lx1} = k''_{Tx2} = k''_{Lx2} = k''_x > 0$（波沿 x 方向衰减）。

Leaky Interface wave 的波矢方向及位移势变化趋势如图 4-4 所示。横波位移势一方面沿 $-z$ 方向衰减，同时又沿 x 方向衰减（传播方向上能量不能增大的物理事实），在介质 1 中横波的等振幅面的法向应斜向下，如图 4-4 中 k''_{T1}。由第 2 章式(2-18)，弹性介质的非均匀波传播等相位面的法线总是和衰减的等幅面法向方向垂直，可以判断出介质 1 横波传播方向斜向上，也因此可以断定 $k'_{Tz1} > 0$，而介质 1 的纵波位移势仍然 $+z$ 方向衰减，因而方向斜向下，即 $k'_{Lz1} < 0$。此时在 z 方向上

已不再是单纯的衰减,也有波的传播,即产生所谓的"漏波"。介质2的横波及纵波波矢方向也可同样原理判断出来。

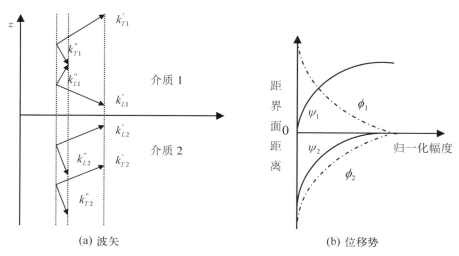

图 4-4 Leaky Interface wave 传播状态示意图

3. Leaky Rayleigh wave

对应的 Riemann 面为表 4-1 中的 F 状况,这时 α_1,β_1 前均取负号,纵波及横波位移势沿 $-z$ 方向衰减,所以有

$k''_{Tz1} < 0$(沿 $+z$ 方向增强),$k'_{Tz1} > 0$(有沿 $+z$ 方向的横波波矢);

$k''_{Lz1} < 0$(沿 $+z$ 方向增强),$k'_{Lz1} > 0$(有沿 $+z$ 方向的纵波波矢);

$k''_{Tz2} < 0$,$k'_{Tz2} > 0$;

$k''_{Lz2} < 0$,$k'_{Lz2} > 0$;

$k'_{Tx1} = k'_{Lx1} = k'_{Tx2} = k'_{Lx2} = k'_x$(介质1,2沿 x 方向波矢仍一致);

$k''_{Tx1} = k''_{Lx1} = k''_{Tx2} = k''_{Lx2} = k''_x > 0$(波沿 x 方向衰减)。

Leaky Rayleigh wave 波波矢方向及位移势变化趋势如图 4-5 所示。

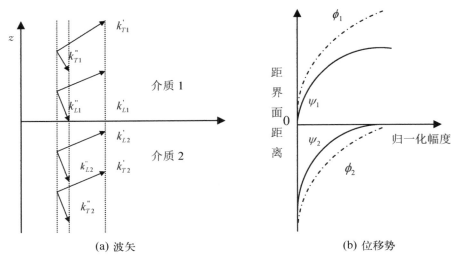

(a) 波矢　　　　　　　　　(b) 位移势

图 4-5　Leaky Rayleigh wave 传播状态示意图 (a) 波矢,(b) 位移势

由上述分析可知,在"软介质"中的漏波是一种在介质内部传播的一种非均匀波,但这种非均匀波与 Stoneley(非均匀)波或无限介质中的非均匀波有所不同。这种波是由于"硬介质"的 Rayleigh 波沿 x 方向传播时不断向"软介质"泄漏能量的结果[23](假定源在左侧),泄漏角由"硬介质"的 Rayleigh 波速及"软介质"的体波波速决定。值得注意的是,"软介质"中检测的漏波幅度沿 $+z$ 方向(远离界面方向)不是衰减而是增强的,从数学上讲,是由于 Riemmn 面中的 $-\alpha_1$,$-\beta_1$ 前的负号引起的。从物理上讲,只是说明在传播方向左上侧的振幅比右下侧的大,这并不违背物理事实。布裂霍夫斯基赫对此的解释为[24]:在离开界面越远的那些点,波场决定于越靠近左面的那部分界面辐射,而左边各点上的振幅是大于右边各点的振幅的(因为波是向右传播的)。但上述结论只是针对波传播的本征特性,如果考虑到激发源的影响,离界面越远波幅还是越来越小,否则将违背能量守恒定律了。由于上层介质中有能量从界面流出,所以下层介质中应有向界面的能量流入(对应 $k'_{Tz2} > 0$ 及 $k'_{Lz2} > 0$)。

第 4 章 平面粘接结构中界面波传播特性研究

4.3 弱连接界面的界面波传播特性

4.3.1 基于弹簧模型的弱连接界面波频率方程

如果两半空间的连接不是完好的,则可通过界面模型模拟连接状态。这里以界面弹簧模型来描述,一般弹簧模型对弱连接状态的模拟有比较好的近似,因此这里研究的也主要是弱连接情况。弹簧模型连接的边界条件为

$$\tau_{zx1} = \tau_{zx2} = K_t(u_{x1} - u_{x2})$$
$$\tau_{zz1} = \tau_{zz2} = K_n(u_{z1} - u_{z2}) \quad (4-7)$$

式中,K_n,K_t 分别为界面弹簧模型的法向及切向劲度系数(密度),单位 N/m^3。

由式(4-1),式(4-2)及式(4-7)并定义 $K_\mu = \dfrac{\mu_1}{\mu_2}$,$K'_t = \dfrac{K_t}{\mu_2}$,$K'_n = \dfrac{K_n}{\mu_2}$ 可得界面波的频率方程为

$$\det \begin{vmatrix} 2\alpha_1 k K_\mu & -K_\mu(\beta_1^2+k^2) & 2\alpha_2 k & \beta_2^2+k^2 \\ -kK'_t & K'_t\beta_1 & kK'_t+2\alpha_2 k & \beta_2^2+k^2+\beta_2 K'_t \\ -(\beta_1^2+k^2)K_\mu & 2k\beta_1 K_\mu & \beta_2^2+k^2 & 2k\beta_2 \\ \alpha_1 K'_n & -kK'_n & \alpha_2 K'_n+\beta_2^2+k^2 & kK'_n+2k\beta_2 \end{vmatrix} = 0$$

$$(4-8)$$

4.3.2 弱连接界面 Like-Stoneley 波频散特性分析

Stoneley 波只能在少数材料粘接完好(Welded interface)界面上出

— 67 —

现,但当两种材料之间的连接状况发生变化时,这种波存在的概率就会增大。如某些材料组合的焊接(Welded interface)界面上不存在 Stoneley 波,但它们的滑移界面(Slip interface)却能出现,例如铝-石英玻璃界面的情况就是如此。如果其中一种材料为流体,则在任何流-固界面间都会出现 Stoneley 波(Scholte 波)。

Laura J. Pyrak-Nolte[25,26]指出沿材料的裂纹存在着一种界面波,由于是在同种性质的两半空间材料间,所以这种波并不是上面所定义的 Stoneley 波,这种界面波实质是裂纹上下两面的 Rayleigh 波耦合的结果。另外,这种波含有两种模式,即所谓的"慢"波和"快"波,且两种波都是频散的。他们用弱连接界面的弹簧模型理论对此进行了解释。当外加负荷时,相当于改变弱连接界面弹簧劲度系数,进而改变波频散关系,理论与实验吻合较好。

用文献[25,26]中的参数,两半空间材料均为铝,其压缩波速 6 476.2 m/s,横波波速 3 120.6 m/s,密度 2 700 kg/m^3,几种情况下的界面波相速度-频率及群速度-频率关系如图 4-6 所示,可以看出这种由于界面位移的不连续性而产生的界面波是频散的,频散的程度与界面劲度系数有关。波速由材料的横波波速随频率减小向材料的 Rayleigh

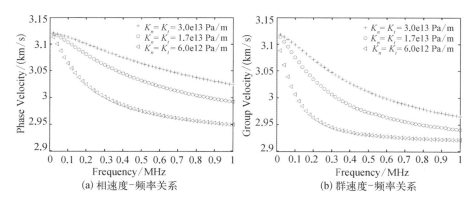

(a) 相速度-频率关系　　(b) 群速度-频率关系

图 4-6　几种情况下铝-铝界面波的频散关系

波速过渡。图4-7是$K_n = K_t = 3 \times 10^{13}$ Pa/m时的"慢波"与"快波"的频散关系,"快波"有一定的截止频率,"慢波"对切变劲度系数敏感,"快波"对法向劲度系数敏感,但一般"慢波"能量(幅度)比"快波"大得多[24,25]。

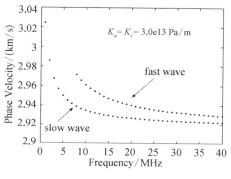

图4-7 $K_n = K_t = 3 \times 10^{13}$ Pa/m时铝-铝界面的"慢波"及"快波"

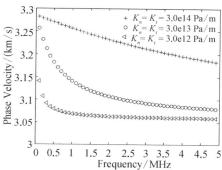

图4-8 几种K_n,K_t值下石英玻璃-钢界面的Like-Stoneley波频散关系

Pyrak-Nolte只研究了同一种材料间的弱连接界面波情况,以下我们对材料两种组合情况进行模拟,计算参数见表4-2。图4-8显示的是$K_n = K_t = 3 \times 10^{12}$ Pa/m,$K_n = K_t = 3 \times 10^{13}$ Pa/m及$K_n = K_t = 3 \times 10^{14}$ Pa/m三种情况下石英玻璃-钢界面波相速度-频率关系,发现这时的界面波是频散的,由于通常所说的Stoneley波是不频散的,为区别起见,这里姑且称其为Like-Stoneley波。图4-9—图4-11是石英玻璃-铝,环氧-铝及环氧-钢界面的Like-Stoneley波频散特性,从中可以看出:

(1) 引入弹簧模型来描述两种材料之间的弱连接情况,理论上存在一种Like-Stoneley的界面波,这种波是频散的,频散的程度与弹簧模型的劲度系数有关,劲度系数越小,频散越明显。

(2) 对可以有Stoneley波存在的材料界面(这里为石英玻璃-钢界

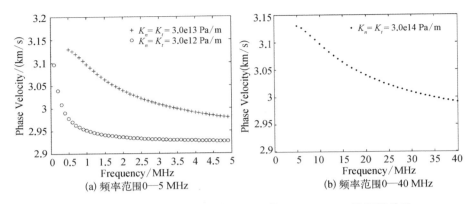

图 4-9　几种情况下石英玻璃-铝界面的 Like-Stoneley 波频散关系

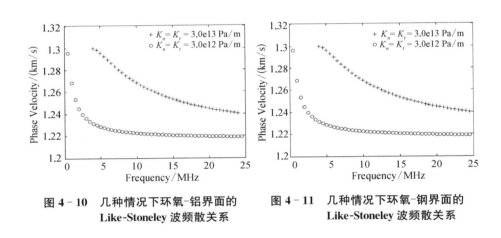

图 4-10　几种情况下环氧-铝界面的 Like-Stoneley 波频散关系

图 4-11　几种情况下环氧-钢界面的 Like-Stoneley 波频散关系

面),Like-Stoneley 波速起始于 Stoneley 波波速,然后随频率增大逐渐向密度较大材料(钢)的 Rayleigh 波速趋近。对于不存在 Stoneley 波的材料界面,Like-Stoneley 波也有可能存在,随频率增大,波速由两种材料较小的横波波速向较小的 Rayleigh 波速趋近,但存在一个截止频率。如:石英玻璃-铝界面不存在 Stoneley 波,弱连接时就可能出现 Like-Stoneley 波,在 $K_n = K_t = 3 \times 10^{12}$ Pa/m 时的截止频率约为 0.04 MHz,在 $K_n = K_t = 3 \times 10^{13}$ Pa/m 约为 0.4 MHz,当 $K_n = K_t = 3 \times 10^{14}$ Pa/m

时截止频率为 4 MHz。对于环氧-铝界面,当 $K_n = K_t = 3 \times 10^{14}$ Pa/m 截止频率将达 40 MHz。说明界面连接得越好,Like-Stoneley 出现的截止频率就越高,当连接状况为"焊接"时,认为 $K_n = K_t = \infty$,截止频率无穷大,则不会出现 Like-Stoneley 波,也就是说这些材料之间不存在 Stoneley 波,这与前面的理论相吻合。

4.3.3 弱连接界面 Leaky Interface 波及 Leaky Rayleigh 波频散分析

对于两种粘接介质,如果一种介质的纵波波速比另外一种介质的横波波速还小,这时会产生漏界面波(Leaky Interface wave)或漏瑞利波(Leaky Rayleigh wave)[17]。这里以有机玻璃和铝组合为例,一方面由于有机玻璃的透光性能较好,另一方面,有机玻璃的特性与固化的环氧特性很接近,有助于粘接特性的评估。参数选取见表 4-2。

由于漏波波速为复波速,实际波速并不是 c 的实部,而为 $R(c) = \dfrac{\omega}{real(k)}$,所以实际波速可由

$$R(c) = \dfrac{1}{real\left(\dfrac{1}{c}\right)} \qquad (4-9)$$

得到。其中 k 为复波矢,$real(\ )$ 表示取实部。

Leaky Interface wave 对应表 4-1 中的 C 情况,理论计算在有机玻璃、铝"焊接连接"时的 Leaky Interface 波的复波速为 $(2\,587-151\mathrm{i})$ m/s,对应的实际波速为 2 596 m/s。

Leaky Rayleigh wave 则对应的是表 4-1 中的 F 情况。理论计算在有机玻璃、铝"焊接连接"时的 Leaky Rayleigh 波的复波速为 $(2\,941-197\mathrm{i})$ m/s,对应的实际波速为 2 954 m/s。

基于弹簧模型的频率特征方程(4-8)所得到的 Leaky Rayleigh

wave 及 Leaky interface wave 的速度与频率关系如图 4-12—图 4-14 及图 4-15—图 4-17 所示。分析可发现：

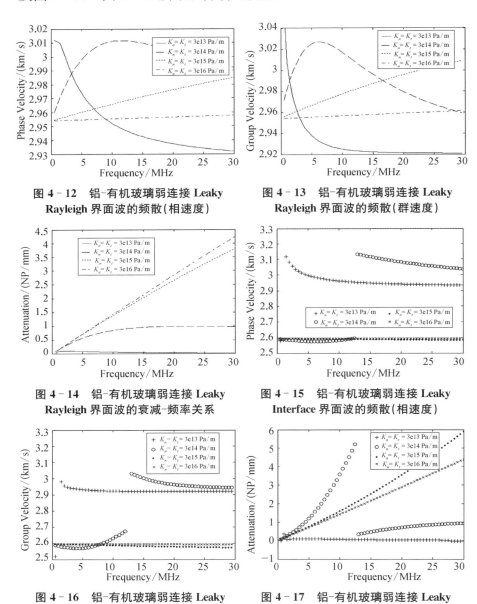

图 4-12　铝-有机玻璃弱连接 Leaky Rayleigh 界面波的频散（相速度）

图 4-13　铝-有机玻璃弱连接 Leaky Rayleigh 界面波的频散（群速度）

图 4-14　铝-有机玻璃弱连接 Leaky Rayleigh 界面波的衰减-频率关系

图 4-15　铝-有机玻璃弱连接 Leaky Interface 界面波的频散（相速度）

图 4-16　铝-有机玻璃弱连接 Leaky Interface 界面波的频散（群速度）

图 4-17　铝-有机玻璃弱连接 Leaky Interface 界面波的衰减-频率关系

(1) 基于弹簧界面模型,Leaky Rayleigh wave 及 Leaky Interface wave 都是频散的。频散的程度与弹簧劲度系数有关,弹簧劲度系数越大,频散越不明显。

(2) 在 K_n,K_t 很小时(这里 3×10^{13} Pa/m),两种波都只在低频时有较明显的频散,高频时速度趋于铝的半空间自由表面 Rayleigh 波速。波的衰减也很小,说明此时的连接非常弱,近乎铝的半空间自由界面[5]。

(3) 当 K_n,K_t 约为 3×10^{14} Pa/m 时有比较明显的频散(这里 2—10 MHz 左右),这说明 Leaky Rayleigh 波对 10^{14} Pa/m 量级界面弹簧劲度系数较敏感,这与斜入射角谱法得到的结论一致[2]。当 K_n,K_t 大于 3×10^{15} Pa/m 时,频散很弱。当频率很高时,两种波分别波速趋近于各自的"完全焊接"情况。

(4) 按照 Cantrell[27] 计算,仅考虑氢键作用时,粘接完好时的 K_n 可达到 10^{17} Pa/m 量级,对于 $K_n=K_t=3\times 10^{14}$ Pa/m,连接的氢键只有理想粘接时的 1/1 000,所以此时仍属于弱连接(接近干耦合)。

(5) 对于有机玻璃-铝弱连接界面,当 $K_n=K_t=3\times 10^{14}$ Pa/m 时,频散或衰减曲线会发生"中断"现象(这里约 12 MHz 左右)。这是由于在越过支点时(在波速为有机玻璃纵波波速 2 620 m/s)发生的"跳跃"现象,越过支点后的频散特性更类似于 Leaky Rayleigh 波。这种"跳跃"现象求焊接界面根时也会时常发生[17]。

以上讨论的仅是铝有机玻璃漏界面波的几种特例,关于这方面的模拟计算受到两个限制。一是 K_n、K_t 有无穷多种组合,二是考虑包括弹簧劲度系数在内的界面波频率的求根范围及精度问题。因而得到也是特定参数、范围及弹簧劲度系数下的结论。但是,如果在胶粘剂和被粘金属间存在界面波的话,这种 Leaky Rayleigh 波及 Leaky Interface 比较容易形成。尽管两种漏波(特别是 Leaky Rayleigh wave)是衰减的,但由于能量较大,因而在一个离声源不远的传播范围内仍占主要地位。由于实际上粘接弹簧模型 K_n、K_t 的差异不是很大[27],界面波存在的范围也是有限的,再加上实际粘接结构中的胶粘剂固化后的特性类似于有机玻璃(都是高分子聚合物),所以以上的结果就能对界面的状况的评估提供一定的理论依据。这部分有关结论将在第 5 章进行初步验证。

4.4 本章小结

本章较系统地研究了两种介质间界面波的传播特性。探讨了一般界面波频率方程的求根问题。分析了界面波在两种介质中的传播状态。利用弹簧模型边界条件建立了弱连接界面波的频率方程,讨论了 Like-Stoneley 波、Leaky Rayleigh 波及 Leaky Interface 波的频散或衰减特性。主要结论有:

(1) 考虑到复变函数的 Riemann 面问题,关于界面波 c^2 的 16 个根都可数值求解。但每个 Riemann 面上出现几个根也没有必然的规律。

(2) Stoneley 波、Leaky Interface 波及 Leaky Rayleigh 波在两种介质界面附近的传播状态有所不同。Stoneley 波沿传播方向不衰减。当界面波传播速度大于"软介质"的横波波速(小于其纵波波速)时出现 Leaky Interface 波,它沿界面传播方向衰减。当界面波的传播速度大于"软介质"的纵波波速时出现 Leaky Rayleigh 波,也沿界面传播方向衰减。对 Leaky Rayleigh 波,有能量不断从"硬介质"向"软介质"泄漏。

(3) 引入弹簧界面模型(弱连接)后,Like-Stoneley 波、Leaky Interface 波及 Leaky Rayleigh 波都是频散的,其频散或衰减程度与界面弹簧劲度系数有关。

第5章
界面波的激光超声实验研究

5.1 引 言

由于耦合、频带窄、激发能量小等问题,对于压电换能器,界面波的产生与检测都是很困难的事情,但激光超声及其干涉检测却常用于界面波的产生和检测。Desmet 等[1-3]曾利用全光学手段对流-固界面波进行了测量,成功地激发并检测到了 Scholte 波及 Leaky Rayleigh 波。而 X. Jia[4-6]等人则用换能器激发界面波,用光弹效应(Mirage 效应)来检测固-固界面的界面波,成功地检测到了 Stoneley 波、Leaky Rayleigh 波及 Leaky Interface 波。

基于前面所建立的理论模型,本章也将利用激光超声方法对流-固界面及固-固粘接界面上的波进行实验测量,但这里的测量原理或方法都相对于上述文献有所不同和改善。

这里采用激光激发,干涉仪进行检测界面波。引起干涉光程差改变的因素主要有两个,一个是界面的位移,另一个是声波引起透明介质折射率的变化,从而导致穿过透明介质光的检测光程差发生改变,这种效应称光弹效应(或压光效应或 Mirage 效应)。目前国际上利用激光对界面波的实验研究主要有两种方法。一是激光激发界面波,干涉仪检测界面的位移信号[1,2,7,8],二是压电换能器激发界面波,用光弹效应检测界面波声应力信号[4,5]。本实验则首次利用激光激发界面波,基于光弹效应原理用干涉仪检测界面波。

5.2 光弹效应(Photo-elastic effect)

界面波与透明介质的相互作用如图 5-1 所示。透明介质开始是静止且各向同性。假定界面波的传播方向为 x_1,检测光沿 $-x_3$ 方向(垂直于传播方向 x_1)穿过介质。由于声扰动使得介质变得光学各向异性。对应的介质介电张量改变为[5]

$$\Delta \varepsilon_{ij} = \Delta \left[\frac{1}{n^2}\right]_{ij} = -\varepsilon^2 p_{ijkl} S_{kl} \qquad (5-1)$$

式中,ε, n 分别为各向同性介质的介电常数及折射率,$p_{ijkl}(i, j, k, l=1, 2, 3)$ 为光弹张量,S_{kl} 是关于位移 u_k 的应变张量,$S_{kl} = \frac{1}{2}\left[\frac{\partial u_k}{\partial x_l} + \frac{\partial u_l}{\partial x_k}\right]$。

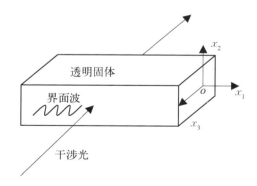

图 5-1 界面波与干涉光相互作用示意图

和大多数声波探测方法一样，这里只考虑 x_1,x_2 两维平面情况[6]，则式(5-1)矩阵形式可表示为

$$\Delta\boldsymbol{\varepsilon} = \begin{bmatrix} \Delta\varepsilon_1 & \Delta\varepsilon_6 & 0 \\ \Delta\varepsilon_6 & \Delta\varepsilon_2 & 0 \\ 0 & 0 & \Delta\varepsilon_3 \end{bmatrix} \quad (5-2)$$

其中，
$$\Delta\varepsilon_1 = -\varepsilon^2(p_{11}S_1 + p_{12}S_2)$$
$$\Delta\varepsilon_2 = -\varepsilon^2(p_{12}S_1 + p_{11}S_2)$$
$$\Delta\varepsilon_3 = -\varepsilon^2 p_{12}(S_1 + S_2)$$
$$\Delta\varepsilon_6 = -\varepsilon^2(p_{11} - p_{12})S_6$$

及 $S_1 = S_{11}$；$S_3 = S_{33}$，$S_1 = S_{11}$，$S_6 = 2S_{12}$；$\boldsymbol{p}_{ij}$ 为一个 6×6 矩阵。

当检测光沿 $-x_3$ 正交地穿过声场时，声场引起的折射率变化对检测光产生两方面的影响[4]。

一是使透射光极化，改变透射的能量密度，如下式：

$$I \propto \Gamma^2 \propto (S_1 - S_2)^2 + 4S_6^2 \quad (5-3)$$

可以看出，透射能量密度的改变不仅与体应变有关，还与切变应变有关，因而基于这种效应的光弹效应检测还是比较复杂的。

二是改变光程差，引起光的相位差(相移)，如下式：

$$\delta\varphi = -n^3\frac{\omega l}{2c}(p_{11} + p_{12})(S_1 + S_2) \quad (5-4)$$

可以看出由此引起的相位差与相对体膨胀 $S_1 + S_2$ 成正比。由于相对体膨胀

$$\frac{\Delta V}{V} = S_1 + S_2 = \nabla^2\phi = -k_L^2\phi \quad (5-5)$$

因而由光程差引起的信号变化与纵波位移势也成正比，因此基于该效应

的检测可以反映出(透明)介质中纵波声应力(应变)变化。

由于干涉仪产生的光束很窄,远远小于声波长,因此这种干涉仪检测主要是基于上述第二种效应的检测。

5.3 流-固界面波的激光超声检测

相对于固-固界面波而言,流-固界面波的理论及实验研究要广泛且成熟得多[9-13],这是由于一方面流-固界面波广泛存在于海洋底部,另一方面液体容易耦合,流-固界面波相对容易测量。理论上任何流-固界面都能传播 Stoneley 波(Scholte 波)。它沿界面方向传播时是不衰减的,但其能量主要集中在界面附近的液体内部。但随着液体粘滞增大,液体和固体的声阻抗差异变小,耦合到固体内的能量就越多。在流-固界面还能存在另一种界面波,称漏瑞利波(Leaky Rayleigh wave),是沿固体界面传播的 Rayleigh 波在传播过程中不断向液体辐射能量而形成的,因而是衰减的,其辐射角由固体的 Rayleigh 波速和液体的体纵波速所决定。

5.3.1 流-固界面波的频率特征方程及其特性分析

将第 4 章式(4-3b)中的一种介质看成流体,可得到如下的流-固界面波频率特征方程

$$\left[2-\left(\frac{c}{c_{T2}}\right)^2\right]^2 - 4\sqrt{1-\left(\frac{c}{c_{T2}}\right)^2}\sqrt{1-\left(\frac{c}{c_{L2}}\right)^2} + \frac{\rho_1}{\rho_2}\left(\frac{c}{c_{T2}}\right)^4 \frac{\sqrt{1-\left(\frac{c}{c_{L2}}\right)^2}}{\sqrt{1-\left(\frac{c}{c_{L1}}\right)^2}} = 0 \qquad (5-6)$$

式中参量的下标 1、2 分别代表流体和固体，ρ 表示材料密度，其他参量的意义与上一章表述相同。在流-固界面存在的 Scholte 波及 Leaky Rayleigh 波，对应的是方程的两个根。根据第 4 章的 Riemann 面分析，实际该方程有 8 个关于 c^2 的根，即有 8 个极点，Scholte 波及 Leaky Rayleigh 波是其中的两个极点。但当界面受到实际脉冲源激发时，除了上述两个极点波，也会同时产生支点波[14-17]，因支点而产生的波常被称为侧面波(Lateral wave，有些文献称其为头波 Head wave)，其特点表现为在界面上掠射，一般幅度较小。该方程包含三个支点，分别为 $c = c_{L1}$，$c = c_{L2}$，$c = c_{T2}$。流-固界面所能存在的各种模式波可由示意图 5-2 来说明[18]（这里限定流体的声速小于固体的声速）。

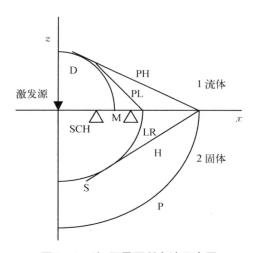

图 5-2　流-固界面所有波示意图

图中 $z=0$ 为流-固界面，$z>0$ 及 $z<0$ 分别代表固体及流体，x 为界面波的传播方向，这里只考虑 $x>0$ 的传播情况，$x<0$ 情况与之对称。

(1) Scholte 波，是流-固界面波中速度最小的一个波，幅度较大，速度略小，但很接近流体的纵波波速，其大部分能量集中在流体内，且沿传播方向(x 方向)不衰减。

(2) M 点波是流体纵波在界面上的掠射波,对应 $c=c_{L1}$ 支点,实际很小(属于 Lateral wave)。

(3) 漏 Rayleigh 波(LR),此波能量主要集中在固体内,传播过程中不断向流体辐射能量,其波速的数值比固体半空间的 Rayleigh 波速稍大一点,是衰减波。

(4) PL 波是指在液体内,以固体中的 Leaky Rayleigh 波及横波与流体中的纵波间切平面为波阵面(由于 Leaky Rayleigh 波与固体横波波速很接近,图中没有将这两个波阵面分开)传播的波。实际上由于液体没有切变作用,这里起主要作用的是 Leaky Rayleigh 波。PL 波在界面上速度等于固体中的 Leaky Rayleigh 波速度,在液体内界面附近所测到的所谓 Leaky Rayleigh 波实际为 PL 波阵面。

(5) PH 波是由固体纵波与流体纵波间切平面而形成,界面上的掠射速度为固体纵波波速。

要同时激发并检测到这么多的波是很困难的,特别是对于压电换能器技术。Desmet,Gusev 等人首先利用激光超声对流-固界面波进行了探索[10-12]。他们用激光直接穿过流体照射在固体的界面上激发界面波,用干涉光穿过流体检测固体的位移信号。在对铜-水界面波进行的实验中检测到了 Leaky Rayleigh 波,但没能检测到 Scholte 波。这是因为铜、水两者的声阻抗差异太大,Scholte 波能量主要集中在液体中,而检测固体界面的位移信号当然很难反映出 Scholte 波。为此,他们对实验进行了改进,在水中加入 $CuCl_2$,得到有颜色的溶液,通过改变溶液的浓度,他们检测到了 Scholte 波。但由于液体不再透明,所以检测的信号信噪比较差。为了能同时检测到上述两种波,他们将实验进行了改进,容器的材料是透明的,液体是有颜色的(以便液体能直接吸收激光能量)。将激光透过容器直接照射在界面附近的液体内,以液体吸收激光能量来激发界面波。干涉仪检测的仍是界面的位移信号,如图 5-3 所示。

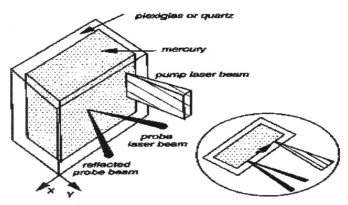

图 5-3 Desmet,Gusev 等人测量流-固界面波实验示意图。其中流体为水银，见 Appl. Phys. Lett., 68, 2393(1996)

这时宣称同时检测到了"Scholte 波"和 Leaky Rayleigh 波，并认为所检测到的"Scholte 波"的衰减是由液体的粘滞引起的。但检测到的是否是真的 Scholte 波还有待进一步验证，因为将光直接照射到液体内可能会直接激发出液体的纵波（压力波），而且这种波本身就存在几何衰减。由于液体的纵波波速与 Scholte 波波速非常接近，他们并没有对两者进行可信的区分。

仔细分析发现，问题的关键在于位移信号难以同时反映 Leaky Rayleigh、Scholte 波及其他 Lateral 波的情况。能不能直接检测流体中的声压信号来实现上述检测呢？因为声波引起的液体声压变化最明显。这里我们对此做了尝试，即用激光直接在固体界面激发界面波，用干涉仪测量声压信号（利用上面讨论的 Photo-elastic 原理或 Mirage 效应）。由于液体内由于没有切变作用，由式（5-6）及式（5-7），液体的声压变化将与其引起的垂直穿过声场光的相差成正比，这样干涉仪输出的信号就间接反映了液体声压情况。

5.3.2 测量装置及过程

流-固界面波的实验原理图及实际装置见图 5-4(a),(b)。高效能激光器(Quantel,Brilliant Q-switch Nd:YAG laser,300 mJ)发射出的激光脉冲(532 nm,4 ns)经一定的光路反射后由透镜聚焦成点源(point source diameter≤1 mm)穿过液体(这里液体为透明的水)最后照射在金

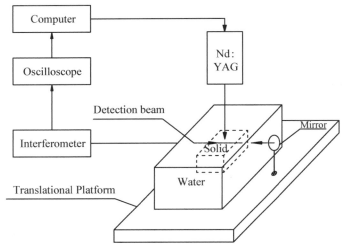

(a) 原理示意图

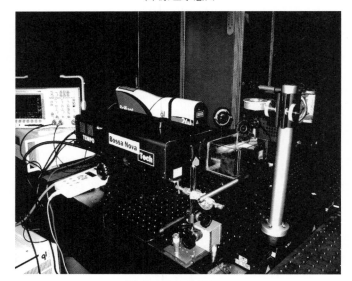

(b) 实际测量装置图

图 5-4 流-固界面波激光超声测量结构

属表面上。金属浸没在水中,盛水容器由透明玻璃构成,宽度约为 8 cm。干涉仪(TEMPO-FS200,532 nm)发出的探测光沿流-固界面横向穿过容器和液体,光束离流-固界面的距离 $\leqslant$ 1 mm。在容器的背后放置一平面镜以便检测光束反射回来。实验中激发源及试样的移动通过计算机控制的平移台(Newport,M-ILSS100cc Goniometric cradles,min step 0.5 μm)来实现。从干涉仪输出的信号由数字示波器(Tektronix,TDS3032 two channel color digital phosphor oscilloscope)采集,并存入计算机。这样干涉仪输出的信号反映了界面波引起的液体中的声压变化。实验时为提高信噪比每个采样点信号平均 64 次,平移台沿一个方向连续移动,移动的步长为 0.5 mm。

5.3.3 测量结果及讨论

实验选取的材料为硬铝、4340#钢及常温下的自来水,参数如表 5-1 所示。其中,铝和钢的声速由脉冲回波法进行了验证,最大标准偏差不大于 10 m/s。

表 5-1 流-固界面波实验材料参数

参数 材料	密度 /(kg/m³)	纵波波速 /(m/s)	横波波速 /(m/s)
硬铝	2 700	6 320	3 130
4340#钢	7 800	5 830	3 200
水	1 000	1 500±5	

图 5-5(a)是实验中得到的一个典型的铝-水界面波信号。可以看出信号具有较大的幅度,信噪比好,波形清晰。从该图中根据波到达时间的顺序,可以明显发现三个波轮廓,而第三个波轮廓似乎由两个波构成。图 5-5(b)是连续 10 个铝-水界面波信号的幅度偏移组合图,对三个轮廓的波峰或波谷进行线性拟合,得到 4 个波速分别为

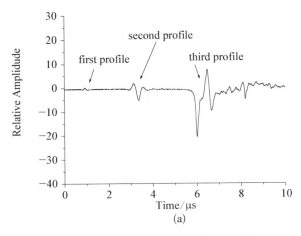

图 5-5(a)　典型的铝-水界面波实验信号

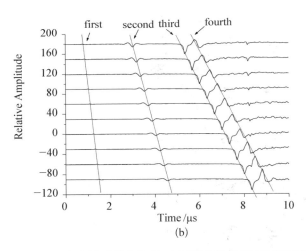

图 5-5(b)　10 个连续采样点的铝-水界面波信号幅度偏移组合图。采样点间距 0.5 mm，平均 64 次

第一个波速度线形拟合的结果为 $(6\,320\pm16)$ m/s，见图 5-6。显然这个波对应的是图 5-2 中的 PH 波，因为理论上 PH 波波速为 $6\,320$ m/s。这个波是一个 Lateral 波，在支点 $c=c_{L2}$（铝的纵波波速）处产生，幅度相对较小。

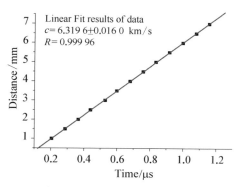

图 5-6　铝-水界面第一个波的线形拟合结果图

第二个波速度为 $(2\,928\pm7)\,\text{m/s}$，见图 5-7。对应的应该是 Leaky Rayleigh 波速（实际为上面讨论的 PL 波），因为理论上 Leaky Rayleigh 波速为 $(2\,930-85\text{i})\,\text{m/s}$，其中虚部表示衰减，波速实际速度大小为 $2\,933\,\text{m/s}$（这是因为实际传播波速 $c=\dfrac{\omega}{real(k)}$）。

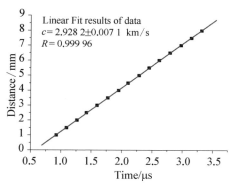

图 5-7　铝-水界面第二个波的线形拟合结果图

对第二个波加 $1\,\mu\text{s}$ 矩形窗的结果见图 5-8(a)，由 FFT 得到的其频谱见图 5-8(b)。借助于小波(WT)变换（这里利用的是 Morlet 小波），对第二个波进行时频分析的结果如图 5-8(c)所示。从图中可以看出，各频率点上 WT 幅度的极大值对应的时间几乎是同时的。根据 WT 理

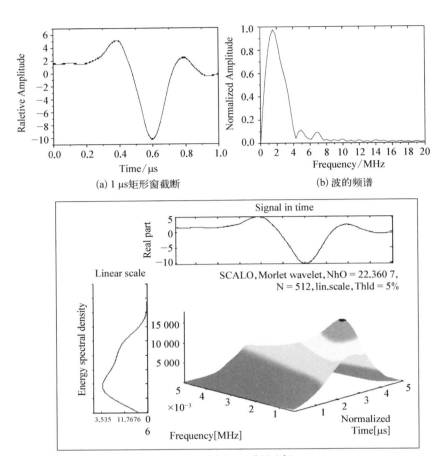

(a) 1 μs矩形窗截断

(b) 波的频谱

(c) Morlet小波分析

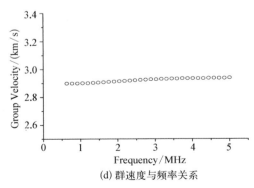

(d) 群速度与频率关系

图 5-8　对 Leaky Rayleigh 波的分析结果

论,WT 幅度的峰值对应波的群速度,具体的计算结果见图 5-8(d),说明了该波是非频散的,这与 Leaky Rayleigh 波的理论性质一致。

基于以上同样的方法可以得到第三个波速度为$(1\,502\pm4)$ m/s。这个波速很接近液体体波波速 1 500 m/s(理论)。

第四个波速度是$(1\,492\pm6)$ m/s。很接近 Scholte 波速的理论值 1 496 m/s。

问题是上述的第三和第四个波的波速非常接近,他们是不是一个波的波峰与波谷?

对第三个轮廓进行 FFT 分析,图 5-9 显示的是其频谱。从中明显可以看出有两个中心频率,其中后一个的中心频率约为前一个的 2 倍,但幅度却大约只有前面的一半。这说明界面波信号的第三个轮廓有可能是由两个波组成的。那么这两个波是如何叠加的呢?这里进行一个简单的模拟。假定两个正弦信号分别为 $y_1=-\sin(t)$,$y_2=-0.5\sin(2t)$,y_2 的幅度只有 y_1 的一半,但频率却是 y_1 的两倍,见图 5-10(a)、(b)。y_1 和 y_2 的叠加结果见图 5-10(c),与图 5-10(d) 所表示的实验中的第三个轮廓非常的相似。由模拟结果还可看出,如果将这两个信号看成两个波的话,两者叠加的波谷受 y_2 的影响较大,而波峰受基本上还是以 y_1 为主导。这样波谷的速度主要体现 y_2 的速度,而波峰的速度更接近

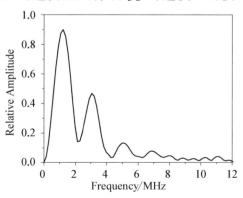

图 5-9 铝-水界面波第三个轮廓的频谱

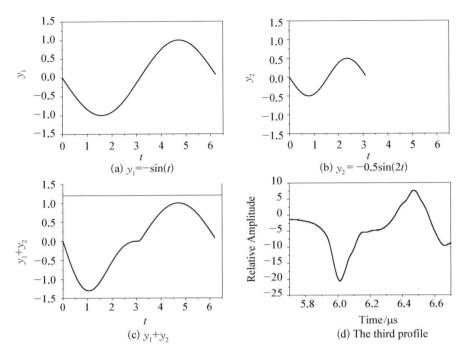

图 5-10　铝-水界面波第三个轮廓的模拟解释

y_1 的速度。因而可以断定第三个轮廓应该由两个波组成。

另一个问题是,以液体体波速度传播的波是否是支点波。理论上,在支点 $c=c_{L1}$ 产生的 Lateral 波的波速与液体的体波波速相同,但其幅度不应该有这么大(以至于可以和 Scholte 波幅度可比拟),而且如果是同一个激发源,其中心频率与 Scholte 波应该相同。而现在两个波的中心频率是不同的,这表明这个波是由另一个激励源产生。实际上,在脉冲激光焦点附近的水会吸收光能而形成另一个热弹源,它将直接在液体中激发体波,其中心频率有可能与 Scholte 波不一样。这样激光照射后相当于形成两个源,一个在界面上激发出 Scholte 波(相当于 y_1),一个在液体内激液体体波(类似于 y_2)。于是,实验中共检测到了 4 个波:Lateral 波(PH)、Scholte 波、Leaky Rayleigh 波(实际为 PL 波)以及液体体波,并成功地将 Scholte 与液体体波区分开。

用同样的方法,我们对钢-水的界面波也进行了测量。典型的信号见图 5-11,可以看出实验波形与铝-水界面很相似。实验所测到的 Lateral 波速(5 782±20) m/s,Leaky Rayleigh 波速(3 018±8)m/s 及 Scholte 波速(1 496±4)m/s 分别与理论值 5 830 m/s,(2 994 − 33i)m/s 和 1 499 m/s 吻合很好。

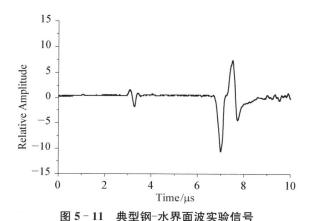

图 5-11　典型钢-水界面波实验信号

5.3.4　实验结果与理论模拟比较

以下将对激光激发铝-水界面瞬态波形进行数值模拟,进一步验证实验结论。参见图 5-2,对于激光激发的热弹激励,有

1. 热传导方程

$$\nabla^2 T_2 - \frac{1}{\gamma_2}\frac{\partial T_2}{\partial t} = -\frac{1}{\kappa_2}Q(\boldsymbol{r}, t)e^{-\eta z}$$

$$\nabla^2 T_1 - \frac{1}{\gamma_1}\frac{\partial T_1}{\partial t} = 0 \tag{5-7}$$

式中,κ 是热导率,γ 为热扩散率,η 为光吸收系数,$Q(\boldsymbol{r}, t)$ 是激光源能量分布函数。

2. 温度场边界条件 ($z = 0$)

$$T_1 = T_2$$
$$\kappa_1 \frac{\partial T_1}{\partial z} = \kappa_2 \frac{\partial T_2}{\partial z} \tag{5-8}$$

3. 以位移势表示的热弹波动方程为

$$\nabla^2 \phi_2 - \frac{1}{c_{L2}^2} \frac{\partial^2 \phi_2}{\partial t^2} = G_2 T_2$$

$$\nabla^2 \psi_2 - \frac{1}{c_{T2}^2} \frac{\partial^2 \psi_2}{\partial t^2} = 0$$

$$\nabla^2 \phi_1 - \frac{1}{c_{L1}^2} \frac{\partial^2 \phi_1}{\partial t^2} = G_1 T_1 \tag{5-9}$$

其中,$G = \dfrac{B\alpha_T}{\rho c_L^2}$,$\alpha_T$ 为材料的热膨胀系数,B 为材料的体积弹性模量;c_L,c_T 为介质的纵波及横波波速。

4. 应力及位移的位移势表示

$$\tau_{zz2} = 2\rho_2 c_{T2}^2 \left(\frac{\partial^2 \phi_2}{\partial z^2} + \frac{\partial^3 \psi_2}{\partial z^3} - \frac{1}{c_{T2}^2} \frac{\partial^3 \psi_2}{\partial t^2 \partial z} \right) +$$

$$\rho_2 \left(1 - \frac{2c_{T2}^2}{c_{L2}^2} \right) \frac{\partial^2 \phi_2}{\partial t^2} - 2\rho_2 c_{T2}^2 G_2 T_2$$

$$\tau_{zz1} = \rho_1 \frac{\partial^2 \phi_1}{\partial t^2}$$

$$\tau_{rz2} = \mu_2 \frac{\partial}{\partial r} \left(2 \frac{\partial \phi_2}{\partial z} + 2 \frac{\partial^2 \psi_2}{\partial z^2} - \frac{1}{C_{T2}^2} \frac{\partial^2 \psi_2}{\partial t^2} \right)$$

$$\tau_{rz1} = 0$$

$$u_{z2} = \frac{\partial \phi_2}{\partial z} + \frac{\partial^2 \psi_2}{\partial z^2} - \frac{1}{c_{T2}^2} \frac{\partial^2 \psi_2}{\partial t^2} \tag{5-10}$$

$$u_{z1} = \frac{\partial \phi_1}{\partial z}$$

5. 位移场边界条件($z=0$)

$$\begin{aligned}\tau_{zz2} &= \tau_{zz1} \\ \tau_{rz2} &= \tau_{rz1} = 0 \\ u_{z2} &= u_{z1}\end{aligned} \tag{5-11}$$

取铝、水的参数分别为

铝：$\gamma = 0.82 \times 10^{-4}$ mm^2/μs，$\alpha_T = 23.8 \times 10^{-6}$/K，$\kappa = 0.48 \times 10^{-7}$ cal/mm·μs·K，$\eta = 10^4 - 10^5$/mm，$c_L = 6.32$ km/s，$c_T = 3.13$ km/s，$\rho = 2.7$ g/cm^3。

水：$\gamma = 0.14 \times 10^{-6}$ mm^2/μs，$\alpha_T = 1.8 \times 10^{-4}$/K，$\kappa = 0.13 \times 10^{-9}$ cal/mm·μs·K，$c_L = 1.5$ km/s，$\rho = 1$ g/cm^3。

基于上述方程及边界条件，利用第2、3章中类似的激光源分布及变换与反变换方法，对铝-水界面波声压的瞬态波形的模拟结果见图5-12(a)。

对于激光激发的烧蚀作用，忽略上述方程中的温度有关项，再将位移、应力决定的边界条件变为

$$\begin{aligned}\tau_{zz2} - \tau_{zz1} &= Q_0 Q(r, t) \\ \tau_{rz2} &= \tau_{rz1} = 0 \\ u_{z2} &= u_{z1}\end{aligned} \tag{5-12}$$

所得到的结果为图5-12(b)所示。分析发现：

(1) 从模拟的结果中可以清晰辨认出三个波形，分别为 Lateral 波（对应支点 $c = c_{L2}$）、Leaky Rayleigh 波及 Scholte 波。且三个波到达的时间与求解频率方程的结果一致。

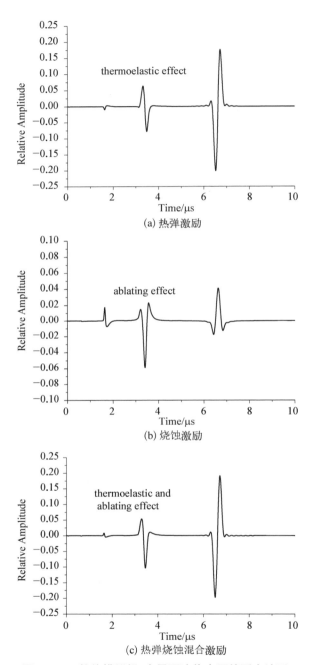

图 5-12 数值模拟铝-水界面液体声压的瞬态波形。检测点距离源的距离为 10 mm

(2) 将热弹激励与烧蚀激励的结果相叠加后可得到与实验结果非常相似的波形,见图 5-12(c)。这说明实验波形是由激光激励热弹和烧蚀混合激励作用所激发的,这与实验中所观察到的现象也吻合(被照射后的金属表面有烧蚀的痕迹)。

(3) 理论计算在支点 $c=c_{L1}$ 产生的 Lateral 波幅度很小,图中基本看不出来,而 Scholte 波的幅度很大,二者不可比拟。这也为判断实验中所测到的以液体体波速度传播的波不是 Lateral 波提供了理论依据。

5.4　固-固界面波的激光超声检测

固-固界面波的情况比流-固界面波要复杂一些。理论上固-固界面波频率方程中关于 c^2 的根有 16 个,即比流-固界面多一倍,而且也只有少数材料间组合支持 Stoneley 波(唯一的实数根)。实验上的激发与检测也比流-固界面波困难。X. Jia[13-15]等人首先利用 Mirrage 效应对固-固界面波进行了检测并取得了良好的效果,但由于他们用表面波换能器来激发界面波,激发的带宽及模式有限。这里将利用激光激发界面波,干涉仪及 Mirrage 效应检测界面波。

5.4.1　测量装置及过程

实验原理示意图及实际装置图分别如图 5-13(a)和(b)所示。采用激光线源激发,激光照射在固体上激发表面波,固体表面波在两种介质的结合处发生转化,其中一部分转化为固-固界面波。其他原理及步骤同上。

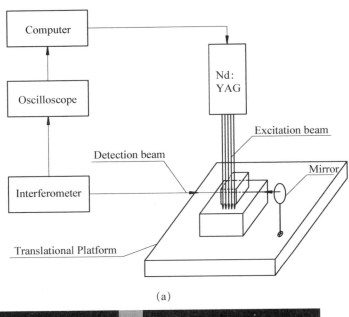

(a)

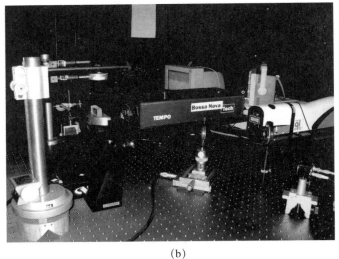

(b)

图 5-13 固-固界面波激光超声原理图(a)及实际装置(b)

5.4.2　固-固界面 Stoneley 波测量

实验中选取的材料及其参数见表 5-2(声速由脉冲回波法进行了测量,最大标准误差小于 20 m/s)。

表 5-2　固-固界面波实验材料参数

参数 材料	密度 /(kg/m³)	纵波波速 /(m/s)	横波波速 /(m/s)
硬铝	2 700	6 320	3 130
4340#钢	7 800	5 830	3 200
石英玻璃	2 200	5 980	3 750
有机玻璃	1 140	2 620	1 240

首先实验研究的是石英玻璃-钢界面波,理论上在这两种介质界面的"焊接连接"或"滑移连接"时都存在 Stoneley 波。实验中,"滑移连接"是用一层水(膜)置于两介质之间来实现,"焊接连接"由环氧粘接来实现,水膜及环氧膜的厚度远远小于声波波长,可忽略膜的影响。

图 5-14(a)是实验中得到的石英玻璃-钢"滑移连接"界面波信号,(b)为不同源-接收点信号的幅度偏移组合图,两个采样点之间的间距 1 mm。

从图中可以清晰地发现一个幅度很大的波形信号,理论上 Stoneley 波速为 3 024 m/s,对 30 组实验数据拟合分析得到速度为(3 019±9) m/s,借助于小波分析还可发现这个波是非频散的,因而可以断定这是 Stoneley 波。实验得到的两个 Lateral 波速分别为(5 992±20) m/s、(3 756±28) m/s,根据数值可以判定是石英玻璃纵波和横波波速对应的支点波。

实测的石英玻璃-铝滑移界面上 Stoneley 波速为(3 041±18) m/s,见图 5-15,理论值为 3 053 m/s,二者也较吻合。

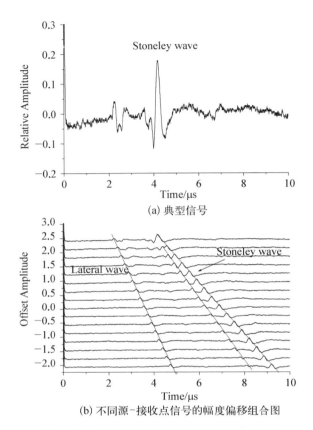

图 5-14 石英玻璃-钢"滑"移界面波实验波形

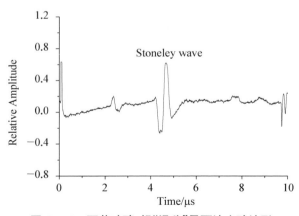

图 5-15 石英玻璃-铝"滑移"界面波实验波形

对石英玻璃-钢"焊接连接"也进行了测量。界面由环氧粘接并固化 24 小时后形成,实测波形见图 5-16。虽然信号的幅度及信噪比不如滑移连接界面,但 Stoneley 波形仍清晰可见,而且实测波速(3 236±10)m/s 与理论上的波速 3 229 m/s 符合也很好。

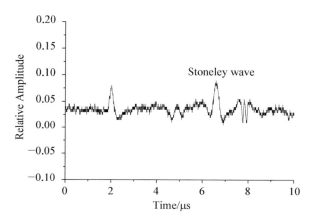

图 5-16　石英玻璃-钢"焊接"界面波实验波形

5.4.3　固-固界面 Leaky Rayleigh 波测量

当两种粘接介质的声学性质相差较远,即一种介质的声速远小于另一种介质的声速时,就很容易产生"漏波"。铝-有机玻璃界面就属于这种情况,有机玻璃的声速小于铝的横波波速。用有机玻璃做试样的另一个原因是有机玻璃的特性接近于固化后的环氧。

首先对有机玻璃-铝滑移界面进行测量。经过细心调整,实验中可以检测到如图 5-17 所示的信号是滑移连接界面(纯净水耦合)时在有机玻璃中离开界面 0.5 mm 处实验测量得到的一组波形。每个波形包含三个分波成分,第一波包是铝纵波头波(P1),第二和第三个波成分在开始时还叠加在一起,传播了一段距离之后才在时域上分开。根据速度,第二个波成分只能是泄漏瑞利波(LR)或铝横波支点贡献的头波,根据前面的分波计算结果,此头波的幅度非常小,可以确定第二个成分是泄漏瑞利波。最后一个波成分是界面波(IW),在滑移连接时,它的衰减比泄漏瑞利波小得多,所以在 25 mm 处仍然可以较明显地看到信号,而该处的泄漏瑞利波被噪声所掩盖。这三个分波的速度分别为:6.37 mm/μs,3.07 mm/μs,2.58 mm/μs,与理论值计算的铝中的纵波声速 6.32 mm/μs,2.98 mm/μs,2.62 mm/μs 相比较,两者是相一致的。

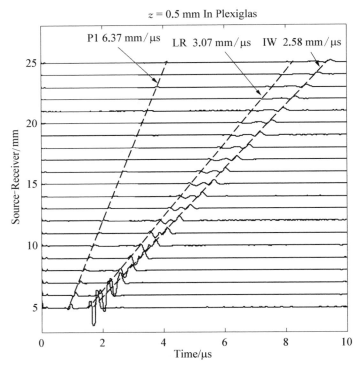

图 5‑17　有机玻璃‑铝滑移连接,有机玻璃中距离界面 **0.5 mm** 处检测信号

图 5‑18 是检测点距激发点 15 mm 处的沿垂直界面方向检测的波形。图(a)和(b)分别是界面滑移连接和完好连接的实验波形,(c)(d)是对应的理论计算波形。比较(a)和(b)可以发现,完好连接的界面波幅

度比滑移连接的幅度小。对比理论波形与实验波形，铝纵波两者的符合很好，后面的波包差别很明显，这是因为理论计算结果中，包含了有机玻璃的纵波成分，它的幅度占较大比重，而在实验波形中并未出现。其原因是理论计算时激励施加在界面上，而实验中是脉冲施加在有机玻璃之外的铝表面，产生的声波透过端面后沿界面传播，有机玻璃中的纵波并未被激发，而铝纵波、泄漏瑞利波和界面波被激发了。同时由于激励位置不同的原因，泄漏瑞利波和界面波理论和实验可能还是有些差别。

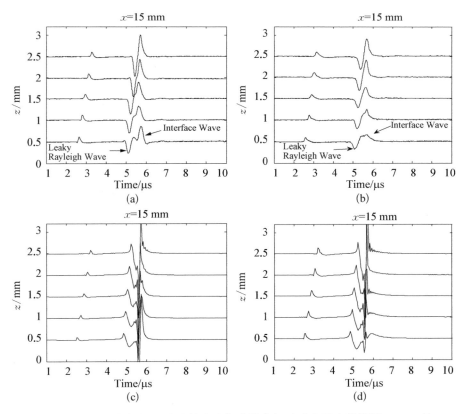

图 5-18　有机玻璃-铝滑移连接和完好连接有机玻璃中距离激发源 15 mm 处，沿 z 方向实验波形及理论波形

5.4.4 固-固弱连接界固化过程

使用环氧树脂把有机玻璃和铝块粘接在一起,在环氧树脂固化的过程中,粘接界面切向弹簧劲度系数 K_T 逐渐增大,并在固化完成后不再变化,实验样品如图 5-19 所示。这样,在环氧固化过程中选择几个测量点,每隔 30 分钟测量一次界面波,就可以观察界面波各分波随 K_T 的变化规律,与理论相比较。选择距离界面 1 mm,距离激发点 10 mm、15 mm、20 mm 三个检测点进行测量,结果见图 5-20。在距离 10 mm

图 5-19 有机玻璃-铝、钢粘接实验样品

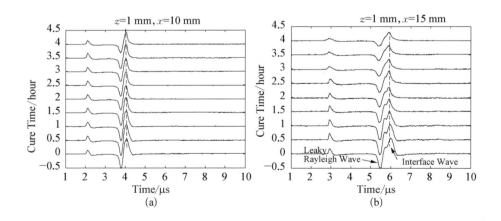

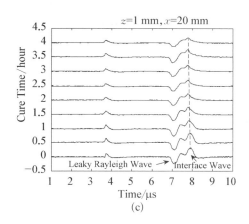

图 5‑20　固化过程铝-有机玻璃检测波形

处(a),界面波和泄漏瑞利波并未分离。在 15 mm 处(b)和 20 mm 处(c)可以观察到界面波与泄漏瑞利波分离,并且可以观察到界面波的幅度随着固化的进程逐渐变小。

5.5　本章小结

本章利用全光学的激光超声手段对界面波的传播特性进行了实验研究,对前面几章部分理论结果做了实验验证。包括三部分内容:流-固界面波的测量、固-固界面 Stoneley 波的测量及固-固弱连接界面波的测量。主要结论有:

(1) 利用光弹技术测量了固-固界面波,由于采用了表面波-界面波转换的激发方式,避免了有机玻璃中纵波对测量的影响,成功地检测了沿铝-有机玻璃界面上传播的铝的纵波、泄漏瑞利波和界面波。在滑移界面上它们的声速分别是:6.37 mm/μs,3.07 mm/μs,2.58 mm/μs,与理论值计算的铝中的纵波声速 6.32 mm/μs,3.13 mm/μs,2.66 mm/μs

相比较,是一致的。

(2) 基于同样手段及原理,对固-固界面波进行了测量。实验测量到了石英玻璃-钢、石英玻璃-铝"滑移"界面的 Stoneley 波;石英玻璃-钢"焊接"界面的 Stoneley 波;有机玻璃-铝、有机玻璃-钢的 Leaky Rayleigh 波;实验测得的波速与理论符合很好。

(3) 实验观测了铝-有机玻璃粘接界面环氧树脂固化过程中界面波和泄漏瑞利波随 K_T 的变化。所得结论有助于利用界面波和泄漏瑞利波的信息来反演 K_T,进而判断粘结状态。

(4) 实验结果表明,全光学激光超声技术是激发与检测界面波的有效手段之一。

第 6 章
总结及进一步的工作

粘弹是物体的固有属性,介质的粘弹(衰减)特性与材料的空隙率、微观裂纹分布、颗粒尺度、软体组织结构及材料强度等有关。能沿介质间界面传播的波称界面波,界面波带有更多的界面信息,其传播特性与粘结界面的特性有关。本文运用激光超声手段对这两种波的激励与传播特性进行了理论与实验研究。理论上由基本的弹性或粘弹理论建立起粘弹 Rayleigh 波及界面波的频率方程,并进行数值或解析求解。分析波速、衰减与频率的关系,从中探索某些规律。实验采用激光激发,干涉仪检测位移或声应力信号的全光学技术对界面波进行测量。

本文的主要工作、结论及创新点如下:

(1) 对粘弹介质 Rayleigh 波的传播特性进行了较系统的理论研究。

研究发现粘弹 Rayleigh 波不仅在垂直界面的方向上指数衰减,在传播方向上也衰减且是频散的。粘弹 Rayleigh 波的质点运动轨迹是椭圆形的,其主轴既不平行于也不垂直于自由表面,且质点的运动可以是逆时针也有可能是顺时针。在小粘滞的情况下,粘弹对相速度的影响不大,波衰减和粘滞模量近似成正比。同样的量级体变粘滞引起的频散及衰减比切变粘滞要小很多。数值模拟的粘弹 Rayleigh 波瞬态波形与理论有很好的吻合。

(2) 首次较深入及系统地对粘弹介质及含粘弹介质的两层及三层介质半空间结构的粘弹 Rayleigh 波的频散及衰减特性进行了理论研究。其中还包含了快涂层-慢基底情况下的类 Rayleigh 波的"中断"和"泄漏"现象,含低速夹层的粘弹"能陷波"等特殊情况。

理论发现,对涂层-基底结构,当粘滞量级较小时,介质粘弹特性对频散曲线的影响也较小。粘滞系数越大,引起衰减越大。对低频而言,K_η 增加一个量级,衰减也近似增加一个量级。粘接涂层粘滞带来的衰减影响主要来自切变粘滞。涂层切变模量对类粘弹 Rayleigh 波的频散及衰减曲线影响较大。涂层的厚度也影响波的频率-速度关系及衰减-频率关系,但对速度-频厚积关系影响不大。对上基底(薄膜)-低速粘弹夹层-下基底三层粘接结构,可能会出现"能陷波",这可以由波的衰减特性进行判断。数值反演的类粘弹 Rayleigh 波瞬态波形与理论预言吻合。

(3) 对界面波的传播特性进行了系统分析。考虑到复变函数的黎曼面问题,探讨了关于界面波 c^2 的 16 个根的一般求解方法。分析了 Stoneley 波、Leaky Interface 波及 Leaky Rayleigh 波在两种介质界面的传播特性。

理论研究表明,Stoneley 波沿传播方向不衰减,沿远离两介质界面方向指数衰减。当界面波传播速度大于"软介质"的横波波速(小于其纵波波速)时出现 Leaky Interface 波,且沿界面传播方向衰减。当界面波的传播速度大于"软介质"的横波及纵波波速时出现 Leaky Rayleigh 波,也沿界面传播方向衰减。对 Leaky Rayleigh 波,有能量不断从"硬介质"向"软介质"泄漏能量。

(4) 首次引入弹簧界面模型(弱连接)后,研究了 Like-Stoneley 波、Leaky Interface 波及 Leaky Rayleigh 波的频散特性及衰减特性。

理论发现在引入界面弹簧模型后,这些波都是频散的,其频散程度及 Leaky Interface 波、Leaky Rayleigh 波的衰减程度与界面弹簧劲度系数直接相关。

（5）首次利用激光超声全光学手段，基于光弹效应原理，对流-固界面波及固-固界面波进行了测量。

对流-固界面波的测量结果表明，这种方法能检测到透明液体中几乎所有理论上存在的界面波，实验还成功地将 Scholte 波及流体体波分辨出来。实验结果与理论有很好的吻合。这种测量方法尚未见文献报道。

实验还测量到了石英玻璃-钢、石英玻璃-铝"滑移"界面的 Stoneley 波，石英玻璃-钢"焊接"界面的 Stoneley 波，有机玻璃-铝、有机玻璃-钢的 Leaky Rayleigh 波，实测得到的波速与理论符合很好。对有机玻璃-铝界面的弱连接情况的 Leaky Rayleigh 波也进行了实验研究，并由此实验观测了铝-有机玻璃粘接界面环氧树脂固化过程中界面波和泄漏瑞利波的变化。

需要进一步完善和研究的问题：

（1）关于层状粘接结构的粘弹波的传播特性计算还需要进一步完善，特别是高频区域的情况。由于实验条件的限制，关于粘弹波传播特性的实验研究工作还需进一步完成。

（2）寻找更合适的界面连接模型，建立界面特性与界面波特性更明显的联系。由于实验条件的原因，还需建立实现弱连接界面的实验加载装置，完成更精确的界面波频散特性的验证。

（3）对非透明介质间界面波的理论及实验研究需要在以后的工作中进一步展开。

参考文献

第一章

[1] 周光泉,刘孝敏. 粘弹性理论[M]. 合肥：中国科技大学出版社,1996.

[2] Scholte J G. On Rayleigh waves in visco-elastic media[J]. Physica, 1947, 13(4-5)：245-250.

[3] Bload D R. The theory of linear Viscoelasticity. Pergamon, Oxford, 1960.

[4] Born W T. The attenuation constant of earth materials[J]. Geophysics, 1941, 6(2)：132-148.

[5] Horton C W. On the propagation of Rayleigh waves on the surface of a viscoelastic solid. Geophysics, 1951, 18：70-74.

[6] Anderson D L, Archambeau C B. The anelasticity of the earth. J. Geophys. Res., 1964, 69：2071-2084.

[7] Carlo G. Lai, Glenn J. Rix, Sebastiano Foti, Vitantonio Roma, Simultaneous measurement and inversion of surface wave dispersion and attenuation curves[J]. Soil Dynamics and Earthquake Engineering, 2002, 22：923-930.

[8] Currie P K, O'Leary P M. Viscoelastic Rayleigh wave[J]. J. Appl. 1977(3)：35, 35-53.

[9] Vardoulakis I, Georgiadis H G. SH surface waves in a homogeneous gradient

elastic half space with surface energy[J]. J. Elast. 1997, 47: 147 – 165.

[10] Nkemzi D. The Rayleigh-Lame dispersion equations for a viscoelastic plate[J]. Mechanics Research Communications. 1993, 20: 215 – 222.

[11] Thompson R B, Thompson D O. Past experiences in the development of tests for adhesive bond strength[J]. J. Adhesion Sci. Technol. 1991, 5(8): 583 – 599.

[12] Teller C, iercks K D, Bar-Cohen Y, et al. Recent advances in the application of leaky Lamb waves to the nondestructive evaluation of adhesive bonds[J]. J. Adhes., 1989, 30: 243 – 261.

[13] Rokhlin S I. Lamb wave interaction with lap-shear adhesive joints: Theory and experiment[J]. J. Acoust. Soc. Am., 1991, 89: 2758 – 2765.

[14] Nagy P B, Adler L. Nondestructive evaluation of an adhesive joint by guided waves[J]. J. Appl. Phys., 1989, 66: 4658 – 4662.

[15] Szabo T L. Time domain wave equations for loss media obeying a frequency power law[J]. J. Acoust. Soc. Am., 1995, 97: 14 – 24.

[16] Dunn F, Breyer J E. Generation and detection of ultra-high frequency sound in liquids[J]. J. Acoust. Soc. Am., 1962, 34: 775 – 778.

[17] Ronald A K. Measurement of attenuation and dispersion using an ultrasonic spectroscopy technique[J]. J. Acoust. Soc. Am., 1984, 76: 498 – 504.

[18] Rokhlin S I, Lewis D K, Graff K F, et al., Real-time study of frequency dependence of attenuation and velocity of ultrasonic waves during the curing reaction of epoxy resin[J]. J. Acoust. Soc. Am., 1995, 97: 14 – 24.

[19] Vandenpls S, Temsamani A B, Cisnerso Z, et al., A frequency domain inversion method applied to propagation models in unconsolidated granular materials[J]. Ultrasonics. 2000, 38: 195 – 199.

[20] Bernard A, Lowe M J S. Guided waves energy velocity in non-absorbing plates [J]. J. Acoust. Soc. Am., 2001, 110: 186 – 196.

[21] Luppé F, Doucet J. Experimental study of the Schotle wave at a plane liquid-solid interface[J]. J. Acoust. Soc. Am., 1988, 84: 1276 – 1283.

[22] Nasr S, Duelos J, Ledue M. Scholte wave characterization and its decay for

various materials[J]. J. Acoust. Soc. Am., 1990, 87: 509 - 519.

[23] Walter L P. Complex roots of the Stoneley wave equation[J]. Bull. Seismol. Soc. Am., 1972, 62: 285 - 299.

[24] Richard O C. Adhesive bondline interrogation using Stoneley wave methods[J]. J. Appl. Phys., 1979, 50: 8066 - 8069.

[25] Laura J, Pyrak-Nolte, Sanjit Roy, Beth L. Mullenbach, Interface waves propagated along a fracture[J]. J. Appl. Geophys., 1996, 35: 79 - 87.

[26] Scruby C B, Drain L E. Laser ultrasonics techniques and applications[M]. CRC Press, 1990.

[27] Joseph O O, Laurence J J. Attenuation measurements in cement-based materials using laser ultrasonic[J]. Journal of engineering mechanics, 1999, 6: 637 - 647.

[28] 徐晓东,张淑仪,张飞飞,等.利用光差分技术见得激光激发声表面波定征薄膜材料[J].声学学报,2003,28: 201 - 206.

[29] Desmet V, Gusev W, Lauriks C, et al. Thoen, Laser-induced thermoelastic excitation of Scholte waves[J]. Appl. Phys. Lett., 1996, 68: 2393.

[30] Desmet V, Gusev W, Lauriks C, et al. Thoen, All-optical excitation and detection of leaky Rayleigh wave[J]. Optics Letters, 1997, 22: 69.

[31] Mattei Ch, Jia X, Quentin G. Direct experimental investigations of acoustic modes guided by a solid-solid interface using optical interferometry[J]. J. Acoust. Soc. Am., 1997, 102: 1532 - 1539.

[32] Jia X, Mattei Ch, Quentin G. Analysis of optical interferometric measurements of guided acoustic waves in transparent solid[J]. J. Appl. Phys., 1995, 77: 5528 - 5538.

第二章

[1] Rayleigh L. On waves propagated along the plane surface of an elastic solid[J]. Proc Lond Math Soc., 1885, 17: 4 - 11.

[2] Hess P. Surface acoustic waves in materials science[J]. Physics Today, 2002,

3:42-47.

[3] Scuby C, Drain L. Ultrasonics: Techniques and Applications[M]. New York: Adam Hilger, 1990.

[4] Stotts S A, Gramann R A, Bennett M S. Source bearing determination from a tri-axial seismometer using Rayleigh wave propagation[J]. J. Acoust. Soc. Am., 2004, 115:2003.

[5] Babich V M, Borovikov V A, Fradkin L J, et al., Scatter of the Rayleigh waves by tilted surface-breaking cracks[J]. NDT & International, 2004, 37(2):105-109.

[6] Xianmei Wu, Menglu Qian, John H. Cantrell, Dispersive properties of cylindrical Rayleigh waves[J]. Appl. Phys. Lett., 2003, 83:4053.

[7] 胡文祥.界面波激励与传播的激光超声研究[D].上海:同济大学,2002.

[8] Delsasto P P, Clark A V. Rayleigh waves propagation in deformed orthotropic materials[J]. J. Acoust. Soc. Am., 1987, 81:952.

[9] Kaptosov A, Kuznetsov S. Rayleigh waves in anisotropic porous media[J]. J. Acoust. Soc. Am., 1999, 106:2232.

[10] Hamilton M F, Ilinsky Y A, Zabolotskaya E A. Rayleigh wave nonlinearity[J]. J. Acoust. Soc. Am., 1993, 93:2384.

[11] Hurley D C. Nonliner propagation of narrow-band Rayleigh waves excited by a comb tranducer[J]. J. Acoust. Soc. Am., 2001, 110:59.

[12] Seshadri S R. Leaky Rayleigh waves. J. Appl. Phys., 1993, 73:3637.

[13] Qunn Qi. Attenuation leaky Rayleigh waves[J]. J. Acoust. Soc. Am., 1999, 106:2323.

[14] Scala C M, Doyle P A. Time and frequency-domain characteristics of laser generated ultrasonic surface waves[J]. J. Acoust. Soc. Am., 1989, 85:1569.

[15] Clorennec D, Rayer D. Analysis of surface acoustic wave propagation on a cylinder using laser ultrasonic[J]. Appl. Phys. Lett., 2003, 82:4608.

[16] Bron W T. The attenuation constant of earth materials[J]. Geophysics, 1941, 6:132-148.

[17] Horton C W. On the propagation of Rayleigh waves on the surface of a viscoelastic solid[J]. Geophysics, 1951, 18: 70-74.

[18] Lai C G, Rix G J, Foti S, et al. Simultaneous measurement and inversion of surface wave dispersion and attenuation curves[J]. Soil Dynamics and Earthquake Engineering, 2002, 22: 923-930.

[19] Scholte J G. On Rayleigh waves in viscoelastic media. Physica, 1947, 13(4-5): 245-250.

[20] King P J, Sheard F W. Viscosity tensor approach to the damping of Rayleigh waves[J]. J. Appl. Phys., 1969, 40: 5189.

[21] Rromeo M. Rayleigh waves on a viscoelastic solid half space[J]. J. Acoust. Soc. Am., 2001, 110: 59.

[22] 周光泉,刘孝敏. 粘弹性理论[M]. 合肥：中国科技大学出版社,1996.

[23] Bernard A, Lowe M J S. Guided waves energy velocity in non-absorbing plates [J]. J. Acoust. Soc. Am., 2001, 110: 186-196.

[24] 何樵登. 地震波理论[M]. 北京：地质出版社,1988.

[25] 徐仲达. 地震波理论[M]. 上海：同济大学出版社,1996.

[26] Murry T W, rishnaswamy S K, Achenbach J D. Laser generation of ultrasounc in films and coatings[J]. Appl. Phys. Lett., 1994, 74: 716.

[27] Biwa S, Idekoba S, Ohno N. Wave attenuation in particulate polymer composites: Independent scattering/absorption analysis and comparison to measurements[J]. Mechanics of materials, 2002, 34: 671-682.

[28] He Ping. Experimental verification of model for determining dispersion from attenuation[J]. IEEE, transactions on ultrasonics, ferroelectrics, and frequency control. 1999, 46: 706-714.

[29] 郭自强. 固体中的波[M]. 北京：地震出版社,1982.

[30] Jose D S. Numerical evaluation of the Hankel transforms. Computer Physics Communications, 1999, 116: 278-294.

第三章

[1] 美国声学学会. 美国无损检测手册(超声卷)[M]. 北京：世界图书出版公

司,1996.

[2] Farnell G W, Adler A L. Physical Acoustics[M]. New York and London: Academic Press, 1972.

[3] Bogy D B, Gracewski S M. On the plane-wave reflection coefficient and non-specular reflection of bounded beams for layered half spaces underwater[J]. J. Acoust. Soc. Am., 1983, 74: 591.

[4] Zinin P, Efeuvre O L, Briggs G A D. Anomalous behavior of leaky surface waves for stiffening layer near cutoff[J]. J. Appl. Phys., 1997, 82: 1031-1035.

[5] Schwab F, Knopoff L. Surface waves on multi-layered anelastic media[J]. Bull. Seism. Soc. Am., 1971, 64: 893-912.

[6] Zhang Bixing, Yu Ming, Lan Congqing, et al., Elastic waves and excittatin mechanism of surface waves in multlayered media[J]. J. Acoust. Soc. Am., 1996, 100, 3527-3538.

[7] 喻明,刘政林,许克克,兰从庆. 有不同附加层时Rayleigh波的频散方程[J]. 声学学报,1999, 24: 505-509.

[8] Singher L. Bond strength measurement by ultrasonic guided waves[J]. Ultrasonics, 1997, 35: 305-315.

[9] Parra J O, Xu Pei cheng. Dispersion and attenuation of acoustic guided waves in layered fluid-filled porous media[J]. J. Acoust. Soc. Am., 1994, 95: 91-98.

[10] 陈晓,万明习. 弱界面固体附层媒质中的类Rayleigh波[J]. 声学学报,2001, 26: 507-510.

[11] 张碧星,鲁来玉. 层状半空间导波的传播[J]. 声学学报,2002, 27: 294-304.

[12] Murray T W, Krishnaswamy S, Achenbach J D. Laser generation of ultrasounc in films and coatings. Applied Physics Letters, 1999, 74: 3561-3563.

[13] Cheng A, Murray T W, Achenbach J D. Simulation fo laser-generated ultrasonic waves in layered plates[J]. J. Acoust. Soc. Am., 2001, 110: 848-98854.

[14] Wu T T, Liu Y H. Inverse determinations of thichness and elastic proertiew of a bonding layer using laser-generated surface waves[J]. Ultrasonics, 1999, 37:

23 - 30.

[15] Wu T T, Chen Y C. Dispersion of laser-generated surface waves in an epoxy-bonded layered medium[J]. Ultrasonics, 1996, 34, 793 - 799.

[16] Knight B, Hussain M, Cox J F, et al. Coating evaluation using analytical and experimental dispersion curves[C]//Kallsen S. Nessa C, Thompson D O, et al. AIP Conference Proceedings. AIP, 2000, 509(1): 263 - 270.

[17] Murray T W, Guo Zhiqi, Krishnaswamy S, et al. Laser ultrasonic investigation of film and hard coatings[C]//Kallsen S. Nessa C, Thompson D O, et al. AIP Conference Proceedings. AIP, 2000, 509(1): 1309 - 1316.

[18] Hurley D C, Richards A J. Laser ultrasonic methods for thin film property measurements using high frequency surface acoustic waves[C]//Kallsen S. Nessa C, Thompson D O, et al. AIP Conference Proceedings. AIP, 2000, 509(1): 263 - 270.

[19] Gao Weiming, Glorieux C, Lauriks W, Thoen J. Investigation of titanium nitride coating by broadband laser ultrasonic spectroscopy[J]. Chinese Physics, 2002, 11: 132 - 138.

[20] 徐晓东,张淑仪,张飞飞,等.利用光差分技术检测激光激发声表面波定征薄膜特性[J].声学学报,2003,28: 201 - 205.

[21] Thompson R B, Thomson D O. Past experiences in the development of tests for adhesive bond strength[J]. J. Adhesion Sci. Technol., 1991, 5: 583 - 599.

[22] Nayfeh A H, Nagy P B. Excess attenuation of leaky lame waves due to viscous fluid loading[J]. J Acoust Soc Am., 1997, 101: 2649 - 2658.

[23] Zhu Zhe-min, Wu Jun-ru. The propagation of lame waves in a plate bordered with viscous liquid[J]. J Acoust Soc Am., 1995, 98: 1057 - 1065.

[24] Karim M R, Mal A K. Inversion of leak lamb wave date by simplex algorithm [J]. J Acoust Soc Am., 1990, 88: 482 - 491.

[25] 赵晓亮,朱哲民,杜功焕.有粘滞液层负载时的薄板中类 Lame 波的传播[J].声学学报.1998,23: 545 - 554.

[26] Yew C H, Weng X W. Ultrasonic SH waves to estimate the quality of adhesive

bonds plate structures[J]. J Acoust Soc Am., 1985, 77: 813-1823.

[27] Chan C W, Cawley P. Lame waves in highly attenuative plastic plates[J]. J Acoust. Soc Am., 1998, 104: 874-881.

[28] Bernard A, Lowe M J S. Guided waves energy velocity in absorbing and non-absorbing plates[J]. J Acoust Soc Am., 2001, 110: 186-196.

[29] 周光泉,刘孝敏. 粘弹性理论[M]. 合肥: 中国科技大学出版社, 1996.

[30] Parra J O, Xu Pei-cheng. Dispersion and attenuation of acoustic guided waves in layered fluid-filled porous media[J]. J Acoust Soc Am., 1994, 95: 91-98.

第四章

[1] Zilard U. Non-conventional testing techniques [M]. John Wiley & Sons, Ltd, 1982.

[2] Wang W, Rokhlin S I. Evaluation of interfacial properties in adhesive joints of aluminum alloys using angle-beam ultrasonic spectroscopy[J]. J. Adhesion Sci. Technol. 1991, 5: 647-666.

[3] Lavrentyev A, Rokhlin S I. Determination of elastic moduli, density, attenuation and thickness of a layer using ultrasonic spectroscopy at two angles[J]. J. Acoust. Soc. Am., 1997, 102: 3467-3477.

[4] Lavrentyev A, Rokhlin S I. Ultrasonic spectroscopy of imperfect interfaces between a lsyer and two solids[J]. J. Acoust. Soc. Am., 1998, 103: 657-664.

[5] Baltazar A, Wang L, Xie B, et al. Inverse ultrasonic determination of imperfedt interfaces and bulk properties of a layer between two solids[J]. J. Acoust. Soc. Am., 2003, 114: 1424-1434.

[6] Pilarski A, Rose J L, Balasabramaniam K. On a plate/surface wave mode selection criteria for ultrasonic evaluation in layered structures[J]. J. Acoust. Soc. Am., 1987, 82, Suppl, S21.

[7] Richard O. Claus, Adhesive bondline interrogation using Stoneley wave methods [J]. J. Appl. Phys., 1979, 50: 8066-8069.

[8] Rokhlin S I, Hefets M, Rosen M. An elastic interface wave guided by a thin film between two solids[J]. J. Appl. Phys., 1980, 51: 3579-3583.

[9] Rokhlin S I, Hefets M, Rosen M. Ultrasonic interface wave method for predicting the strength of adhesive[J]. J. Appl. Phys., 1981, 52: 2847-2851.

[10] Nagy P B, Adler L. Interface characterization by true guided modes[J]. Rev. Prog. QNDE., 1991, 10: 1295-1302.

[11] Peter B. Nagy and Laszlo Adler, Nodestructive evaluation of adhesive joints by guided waves. J. Appl. Phys., 1989, 66: 4658-4663.

[12] Shinger L, Segal Y, Segal E. Considerations in bond strength evaluation by ultrasonic guide waves[J]. J. Acoust. Soc. Am., 1997, 96: 2497-2505.

[13] Luppé F, Doucet J. Experimental study of the Schotle wave at a plane liquid-solid interface[J]. J. Acoust. Soc. Am., 1988, 84: 1276-1283.

[14] Nasr S, Duelos J, Ledue M. Scholte wave characterization and its decay for various materials[J]. J. Acoust. Soc. Am., 1990, 87: 509-519.

[15] Desmet C, Gusev V, Laurisks W, et al. Laser-induced thermo-elastic excitation of Scholte waves[J]. Appl. Phys. Lett., 1996, 68: 2939-2941.

[16] Gusev V, Desmet D, Laurisks W, et al. Theory of Scholte Leaky Rayleigh, and Lateral wave excitation via the Lase induced theromelastic effect[J]. J. Acoust. Soc. Am., 1996, 100: 1514-1528.

[17] Pilant W L. Complex roots of the Stoneley wave equation[J]. Bull. Seismol. Soc. Am., 1972, 62: 285-299.

[18] Pyrak-Nolte L J, Neville G W. Cook, Elastic interface waves along a fracture. Geophys. Res. Lett., 1987, 14: 1107-1110.

[19] Pyrak-Nolte L J, Nolte D D. Wavelet analysis of velocity dispwesion of interface waves along fracture[J]. Geophys. Res. Lett., 1995, 22: 1329-1332.

[20] Pyrak-Nlte L J, Roy S, Mullenbach B L. Interface waves propagated along a fracture[J]. J. Appl. Geophys., 1996, 35: 79-87.

[21] Ginzbarg A S, Strick E. Stoneley wave velocities for a solid-solid interface[J].

Bull. Seism. Soc. Am., 1958, 48: 51-63.

[22] claus R O, Palmer C H. Direct measurement of ultrasonic Stoneley wave[J]. Appl. Phys. Lett., 1977, 31: 547-548.

[23] Mattei Ch, Jia X, Quentin G. Direct experimental investigations of acoustic modes guided by a solid-solid interface using optical interferometry[J]. J. Acoust. Soc. Am., 1997, 102: 1532-1538.

[24] л. M. 布裂霍夫斯基赫. 分层介质中的波[M]. 杨训仁, 译. 北京: 科学出版社, 1985..

[25] Pyrak-Nolte L J, Neville G W, Cook, Elastic interface waves along a fracture[J]. Geophysical research letters, 1987, 14: 1107-1110.

[26] Pyrak-Nolte L J, Nolte D D. Wavelet analysis of velocity dispersion of elastic interface waves propagation along a fracture[J]. Geophysical research letters, 1995, 22: 1329-1332.

[27] Cantrell J H. Determination of absolute bond strength from hydroxyl groups at oxidized aluminum-epoxy interfaces by angle beam ultrasonic spectroscopy[J]. J. Appl. Phys., 2004, 96: 3775-3781.

第五章

[1] Desmet V, Gusev W, Lauriks C, et al. Laser-induced thermoelastic excitation of Scholte waves[J]. Appl. Phys. Lett., 1996, 68: 2393.

[2] Desmet V, Gusev W, Lauriks C, et al. All-optical excitation and detection of leaky Rayleigh wave. Optics Letters, 1997, 22: 69.

[3] Glorieux C, Van de Rostyne K, et al. On the character of acoustic waves at the interface between hard and soft solids and liquids[J]. J. Acoust. Soc. Am., 2001, 110, Pt. 1, 1299.

[4] Jia X, Mattei Ch, Quentin G. Anaylsis of optical interfermoetric measurements of guided acoustic waves transparent solid media[J]. J. Appl. Phys., 1995, 77: 5528-5537.

[5] Mattei Ch, Jia X, Quentin G. Direct experimental investigations of acoustic modes guided by a solid-solid interface using optical interferometry[J]. J. Acoust. Soc. Am., 1997, 102: 1532-1539.

[6] Mattei Ch, Jia X, Quentin G. Measurement of Rayleigh wave stains inside a transparent solid by optical interferometry. Acustica united with Acta Acustica, 1994, 2: 65-67.

[7] Claus R O, Paimer C H. Direct measurement of ultrasonic Stoneley wave[J]. Appl. Phys. Lett., 1977, 31: 547-548.

[8] Claus R O. Adhesive bondline interrogation using Stoneley wave methods[J]. J. Appl. Phys., 1979, 50: 8066-8069.

[9] Chamuel J R. Experimental obserbation on liquid/solid interface waves[J]. J. Acoust. Soc. Am., 1982, Suppl, 72, s99.

[10] de Billy M, Qenton G. Experimental study of the Scholte wave propagation on a plane surface partially immersed in a liquid[J]. J. Appl. Phys., 1983, 54: 4314.

[11] Jean Dullos, and Alain Tinel, Scholte wave generation[J]. J. Acoust. Soc. Am., 1992, 91: 2455.

[12] Every A G, Briggs G A. Surface response of a fluid-loaded solid to impulsive line and point force: Application to scanning acoustic microscopy[J]. Physics Review B, 1998, 58: 1601.

[13] Padilla F, de Billy M, Quentin G. Theoretical and experimental studies of surface waves on solid-fluid interfaces when the value of the fluid sound velocity is located between the shear and the longitudinal ones in the solid[J]. J. Acoust. Soc. Am., 1992, 106: 666.

[14] de Hoop A T, Van der Hijden J. Gereration of acoustic waves by an impulsive line source in a fluid/solid configuration with a plane boundary[J]. J. Acoust. Soc. Am., 1983, 74: 333.

[15] de Hoop A T, Van der Hijden J. Generation of acoustic waves by an impulsive point source in a fluid/solid configuration with a plane boundary[J]. J. Acoust.

Soc. Am. ,1984,75:1709.

[16] Gusev V, Desmet C, Lauriks W, et al. Theroy of Scholte, leaky Rayleigh, and lateral wave excitation via the laser-induced themoelastic effect[J]. J. Acoust. Soc. Am. ,1996,100:1514.

[17] Zhu Jinying, Popovics J S. Leaky Rayleigh and Scholte waves at the fluid-solid interface subjected to transient point loading[J]. J. Acoust. Soc. Am. ,2004, 116:2101.

[18] 沈建国. 应用声学基础：实轴积分法即二维谱技术[M]. 天津：天津大学出版社,2004.

[19] Cantrell J H. Determination of absolute bond strength from hydroxyl groups at oxidized aluminum-epoxy interfaces by angle beam ultrasonic spectroscopy[J]. J. Appl. Phys. ,2004,96:3775-3781.

后 记

几年前,尽管工作稳定,职晋副高,但常感学力匮乏,无所作为。慕钱梦騄先生之学术声望,几经努力,终投先生门下继续深造。几年来,无论是选题、论文写作及实验工作都得到了先生的细心指导及帮助。先生扎实的理论功底、精湛的实验技巧、严谨的科学态度在学生心中树立起一道楷模,使学生受益匪浅,终身享用。先生为人正直、甘于奉献、关爱学生尤其老当益壮之精神将时刻鞭策着学生继续奋斗。

虽不在他的门下,但几年来无论在学业上还是生活上却常得到王寅观老师的帮助和关心。王老师平易近人,乐于助人以及勇于创业之精神成了学生的另一个学习榜样。

在此学习期间有幸感受李同保院士的教诲,李院士做事严谨,为人随和,使学生领略到了一个大家的风范。

在此要感谢同实验室的老师、师兄胡文祥博士、潘永东博士及刘恒彪博士。经常得到他们的指点和帮助,经常一起探讨问题,交流学习生活的经验,也使我们之间建立了深厚的友谊。

感谢王军博士,一起的三年硕士同窗,而今又陪我共同度过了一段艰苦而又美好的博士学习生活时光。

要感谢同实验室的师弟师妹们,程茜博士、王浩博士、彭若龙博士、

后　记

　　柯薇娜博士、刘利波、叶菁、孙伟、安兆亮、刘巍、葛曹燕以及王寅观老师、实验室的刘蕊、吴飞、李勇攀等同学在求学期间给予本人的支持和帮助。尤其王浩同学,在计算机编程及实验方面给予了本人更多的帮助。

　　感谢原校友他得安博士的帮助,正是由于他的引见才使我得以来到这里学习。

　　感谢我的妻子,在我求学期间她一个人支撑着家,使我有时间有精力完成学业。谢谢我的女儿,由于她的乖巧与懂事,没有使我过多的分心。

　　感谢我的姐姐和弟弟,多年来他们一直照顾着多病的母亲,解决了我的后顾之忧。

　　感谢所有支持我、关心我、帮助过我的亲人和朋友们!

韩庆邦